分布式光伏并网系统关键技术研究

Research on Key Technologies of Distributed Photovoltaic Grid-connected System

吴文进　著

中国科学技术大学出版社

内 容 简 介

本书以分布式光伏系统为研究对象,建立逆变器并网系统受控源等效电路模型,系统地揭示了光伏单机和多机并网系统的谐波分布规律与谐振机理,并给出了谐波谐振抑制策略。

本书便于读者自学和进一步深入研究,适合国内高校、科研院所和光伏技术企业等相关师生、研究人员、技术开发人员教学科研参考需要。

图书在版编目(CIP)数据

分布式光伏并网系统关键技术研究/吴文进著. —合肥:中国科学技术大学出版社,2019.6

ISBN 978-7-312-04517-2

Ⅰ.分… Ⅱ.吴… Ⅲ.太阳能光伏发电—研究 Ⅳ.TM615

中国版本图书馆 CIP 数据核字(2018)第 171853 号

出版	中国科学技术大学出版社
	安徽省合肥市金寨路 96 号,230026
	http://press.ustc.edu.cn
	https://zgkxjsdxcbs.tmall.com
印刷	合肥市宏基印刷有限公司
发行	中国科学技术大学出版社
经销	全国新华书店
开本	710 mm×1000 mm 1/16
印张	12.5
字数	259 千
版次	2019 年 6 月第 1 版
印次	2019 年 6 月第 1 次印刷
定价	45.00 元

前　　言

当前,我国经济正处于高速发展时期,经济总量已经稳居世界第二位,煤炭、石油和天然气的消耗量巨大,同时产生的二氧化硫和二氧化碳的年排放量均居世界前列,能源短缺与环境污染问题已成为我国社会可持续发展的两大难题。2015年12月12日,在巴黎气候变化大会上通过的《巴黎协定》确定了将全球平均气温较工业化前水平升高控制在2℃之内的发展目标,进一步降低碳排放已成为全球各国的共识。为了保护我们赖以生存的自然环境及实现可持续发展,可再生能源的利用是必然趋势。世界各国纷纷开始调整自身的能源结构,不断加重可再生能源在整个能源消耗中的比重,提高其开发与利用程度。太阳能以其环境友好、使用安全方便和储量丰富等优点,已被国际社会公认为最理想的替代能源。在我国,太阳能开发利用的潜力非常广阔,理论储量达每年17000亿吨标准煤。

我国光伏产业起步于20世纪70年代,20世纪90年代为稳步发展时期,现在已经进入了快速发展阶段。在"十二五"时期,我国光伏产业技术进步显著,光伏制造和应用规模均居世界前列;根据国家能源局发布的《太阳能发展"十三五"规划》,"十三五"时期,我国太阳能产业将继续进行技术升级、降低成本、扩大应用,将实现不依赖国家补贴的市场化自我持续发展,成为实现2020年和2030年非化石能源分别占一次能源消费比重15%和20%目标的重要力量;预计到2020年底,我国太阳能光伏电站累计装机容量将会达到150 GW,其中分布式电站为70 GW。在国家政策的推动下,分布式光伏电站已经进入普及化应用时期,相关的理论研究和技术研发开始面临一些急需解决的关键问题,这其中就包括分布式光伏系统建模问题和提高并网电能质量以及并网稳定性的问题。

对分布式光伏电站进行研究,首先需要建立其数学模型。所建模型应能准确反映分布式光伏电站运行特性,且具有一定的通用性,应能为分布式光伏并网系统的谐波谐振机理分析研究提供理论基础。光伏并网逆变器在额定工作状态时引入的谐波有限,可以由光伏系统内部的无源元器件补偿掉,进入电网的谐波可忽略不计。但光伏发电系统的输出功率与光照强度呈线性关系,因而受天气频繁复杂变化影响的分布式光伏电站常出现远低于额定工况的运行状态。当光伏并网逆变器工作在非额定状态下时,如光照受云层急剧变化影响而导致输出功率远低于额定功率时,其输出电流谐波将超过额定工况时谐波的5~10倍,并且其输出功率越低,输出电流的谐波含量越高;当电网支撑力较弱时,输出电流谐波也会远高于电网支撑强时的谐波含量。随着分布式光伏装机容量在电力系统中所占的比重越来越大,进入电网谐波的影响会越来越大。如何建立准确反映运行特性的数学模型并依据模型对分布式光伏并网系统的谐波源及其与电网的交互影响进行分析,找出谐波分布规律,为分布式光伏系统设计提供理论支持,以便确保整个电网安全、稳定运行,是一个急需解决的关键问题。

同时,分布式光伏系统大多接入低压配电网,处于电网末梢,变压器、输电线路以及大量本地阻感性负荷的接入均会引起电网阻抗变化与频率偏移及电压波动,激发分布式光伏电站与电网之间的谐振,进而影响 LCL 逆变器自身谐振尖峰抑制及其输出有功与无功动态调节过程。另外随着分布式光伏的推广使用,装机容量的增加,多逆变器并联接入配电网已经很常见,多机并联将会导致逆变器系统输出的等效阻抗发生变化,当输出等效阻抗与电网阻抗匹配时,也会引起光伏电站与电网之间的谐振。当谐波激励源频率与谐振频率相等时,会导致分布式光伏并网系统出现谐振过电压和过电流,引发谐波含量超标等电能质量问题,严重时,会影响并网逆变器的稳定运行,造成并网逆变器无故障跳闸。因而,如何对分布式光伏系统的谐振机理进行分析并提出有效的抑制措施,同样是当前需要解决的关键问题。

本书以分布式光伏单机并网系统和多机并网系统为研究对象,分析了系统的组成原理,建立了逆变器受控源等效电路模型,基于模型分析了单机和多机系统的谐波谐振特性,为分布式光伏逆变器的设计提供了理论参考。

第 1 章全面系统地回顾了光伏技术的发展历史、应用现状和发展前景,分析了当前分布式光伏技术在推广应用中出现的关键技术问题及研究现状。

第 2 章在分析分布式光伏并网系统组成的基础上,首先给出了硅太阳电池的建模分析;其次给出了逆变器前级 DC/DC 变换电路、后级 DC/AC 变换电路以及并网接口滤波电路的建模分析,基于电网电压定向的常规并网控制策略,并通过控制框图的等效变换,提出了一种逆变器受控源等效电路模型,给出了模型参数的详细计算,模型能准确反映逆变器并网运行时的工作特性,并具有一定的通用性,为逆变器并网系统的谐波谐振机理研究提供了理论基础。

第 3 章分析了分布式光伏并网系统谐波源及其谐波的交互影响。首先基于二重傅里叶积分分析方法分别对 SPWM 调制、SVPWM 调制和死区设置条件下逆变桥输出电压进行了谐波频谱分析,推导出了输出电压谐波的解析解,并对其谐波分布进行了分析;研究了变压器、电力负荷的输出电流谐波特性。其次基于谐波源的等效模型,仿真分析了逆变器、负载和配电网之间的谐波交互影响,得出了光伏多机接入系统的谐波分布特点。

第 4 章分析了单机并网系统和多机并网系统的谐振特性。首先分析了 LCL 滤波电路在不同谐波源激励下展现出的谐振特性,电网参数的变化以及逆变器并联台数的变化,均会引起滤波并网接口网络的谐振特性发生变化。其次基于常规 PI 控制策略的逆变器受控源等效电路模型,研究了单机系统和多机系统的谐振特性,分析了控制参数、电网参数以及并网逆变器数量的变化对系统谐振特性的影响。针对有源阻尼方法,详细推导了基于电容电流反馈控制策略的逆变器受控源等效电路模型;提出了一种 PIR 控制器的谐波谐振抑制策略,实现了对特定频次谐波电流的抑制,同时 PIR 控制器对来自其他逆变器以及复杂电网背景的特定频次谐波均能进行大幅衰减,抑制其对并网电流的影响,降低了系统发生谐振的可能性。

本书力求视野开阔,抓住当前分布式光伏技术在推广应用中出现的关键问题进行重点分析,提出了单逆变器并网系统和多逆变器并网系统的受控源等效电路模型,模型符合系统在谐波电压激励作用下产生较大谐波电流的串联谐振特点,为更精确地计算系统的谐振点提供了有效方法。全书思路清晰,分析过程层层推进,系统地揭示了单逆变器并网系统和多逆变器并网系统的谐波分布规律与谐振机理,便于读者自学和进一步深入研究,可以满足国内高校、科研院所和光伏技术企业等相关师生和技术开发人员的教学科研参考需要。

感谢我的导师、合肥工业大学苏建徽教授对本书研究工作的指导,感谢合肥工业大学能源研究所的各位老师和同学,以及安庆师范大学物理与电气工程学院的各位同事对本书研究工作提供的支持和帮助。

本书的研究工作得到了国家重点研发计划"智能电网技术与装备"重点专项(2017YFB0903503)、国家自然科学基金(51207040、51407057)、安徽省自然科学基金(1708085ME132)和安庆市科技计划重点项目(20130302)的支持,作者在此一并表示感谢。

由于作者水平有限,加之时间仓促,书中存在缺点和错误在所难免,恳请广大读者批评指正。

安庆师范大学物理与电气工程学院

吴文进

2019 年 1 月

目　　录

第1章　绪　　论

1.1　光伏技术的发展历史、应用现状及其发展前景

　　1954 年,在美国的贝尔实验室,实验人员发现了硅在掺入一定量的杂质后对光更加敏感这一物理现象,随后制造出第一块太阳能电池,开始了光伏发电技术的起步。1958 年,美国发射的人造卫星开始使用光伏发电技术,随后几乎所有的人造卫星、航天飞机、空间站等太空飞行器都利用光伏电池作为主要的电源,各国航空事业的发展促进了光伏发电技术的应用和发展[1-3]。

　　20 世纪 60 年代至 70 年代,日益增长的石油和煤炭的消耗量及其带来的环境污染问题开始使人们认识到常规化石能源的局限性、有限性和不可再生性,逐渐意识到新能源对国家安全和全球环境的重要性。于是各国政府开始开展光伏发电技术的开发和应用,在此期间,出现了工业和民用的太阳电池和光伏发电系统技术开发公司,相应的产品开始应用在小型电源、远程通信等领域。1971 年,我国首次成功地将光伏发电技术应用于"东方红二号"卫星上。

　　20 世纪 80 年代,太阳能发电技术没有实现重大突破,太阳能光伏产品生产成本依然较高,缺乏核心竞争力,提高效率和降低成本的目标未能实现,光伏产业商业化目标进展缓慢。我国在"六五"(1981~1985)和"七五"(1986~1990)期间对光伏应用示范项目开始给予支持,对光伏产业的发展有一定的促进作用。

　　20 世纪 90 年代,由于光伏电池生产技术的提高及其生产成本的下降,用光伏电池作为常规能源的替代能源进行太阳能并网发电和作为用户电源供电成为可能,并在全世界范围内迅速发展。例如,日本率先提出的"新阳光计划"和"用户补贴"政策,美国克林顿政府提出的"百万太阳能屋顶计划"。在政府政策的激励下,光伏发电技术得到快速的推广和应用。1998 年,我国建成第一套多晶硅电池及应用系统示范项目,天威英利新能源有限公司董事长苗连生成为中国太阳能产业第一个"吃螃蟹"的人,但在 2001 年以前,中国光伏电池和组件产能不超过 2 MWp。

　　进入 21 世纪,太阳能产业得到了轰轰烈烈的发展,许多国家政府加强了对新

能源行业支持的补贴力度,太阳能发电装机容量得到了迅猛的增长。在欧洲,以德国"上网电价法"为代表的各项激励政策下,光伏电站已经成为上好的投资项目和对能源及环境可持续性发展有贡献的项目。受益于太阳能发电需求的猛烈增长,我国太阳能电池产业发展迅速,2001年,无锡尚德太阳能公司成立,首次使我国太阳能电池和组件产能超过10 MWp,到2007年,我国拥有光伏电池厂约70家,光伏组件厂近300家,太阳能电池及光伏组件产量已然跃居世界第一[4-10]。在光伏电池转换效率方面,多晶硅太阳能电池最高转换效率达到了20.3%。近5年来,随着光伏电池和逆变器生产成本的持续降低,进一步推动了全世界的光伏产业快速扩张,尤其是以中国、美国、日本和欧洲为代表的光伏产业的崛起使得光伏发电成为新能源产业闪耀的新星[11-19]。截至2016年底,全球太阳能光伏装机总容量累计超过300 GW,其中,中国装机总容量累计达到78 GW。图1.1给出了2000年以来全球光伏装机总容量发展趋势[12-14]。

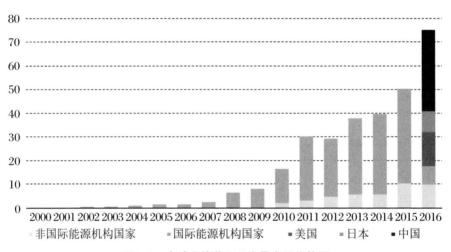

图1.1　全球光伏装机总容量发展趋势图

2016年,全球新增光伏装机容量达75 GW,其中,中国光伏新增装机容量为34.54 GW,连续4年居全球首位;美国新增14.7 GW光伏装机容量,排名第二;排名第三至第五的分别是日本(8.6 GW)、印度(4 GW)和英国(2 GW)。从区域发展的角度来看,亚洲是全球最大的光伏市场,占比约67%,中国是主要的贡献者。图1.2为截至2016年底,全球装机容量排名前十国家和地区的统计数据,包括2016年新增装机容量数据和累计装机总容量数据。同时,我国分布式光伏发电装机容量发展迅速,2016年新增装机容量为4.24 GW,比2015年新增分布式装机容量增长200%,截至2016年底我国分布式光伏装机容量累计达10.32 GW。中东部地区分布式光伏增长相对较快,新增装机排名前5位的省份分别是浙江(0.86 GW)、山东(0.75 GW)、江苏(0.53 GW)、安徽(0.46 GW)和江西(0.31 GW)。2017年上半年,光伏行业由于"630"抢装,上半年新增装机

24.4 GW,同比增长 9%,其中分布式光伏新增 7 GW,为 2016 年同期新增规模的近 3 倍;从新增装机分布上来看,中东部仍然是我国光伏发电热点地区,其中华东和华中地区占比超过全国的 50%。国家能源局在《太阳能发展"十三五"规划》中提出:在具备场址、资源、就近接入、就地消纳等建设条件的地区推动分布式光伏发电系统的全面开放建设,形成多元化的分布式光伏利用市场。在全国范围重点发展以大型工业园区、经济开发区、公共设施、居民住宅等为主要依托的屋顶分布式光伏发电系统,充分利用具备条件的农业设施、闲置场地等扩大利用规模,逐步推广光伏建筑一体化工程;探索移动平台光伏发电系统、移动光伏供电基站等新型的商业利用模式。预计到 2020 年,我国累计分布式光伏发电装机规模将超过 70 GW[15-17]。

2016年新增光伏装机容量排名前十国家和地区			2016年光伏装机总容量排名前十国家和地区		
1	China	34,5 GW	1	China	78,1 GW
2	USA	14,7 GW	2	Japan	42,8 GW
3	Japan	8,6 GW	3	Germany	41,2 GW
4	India	4 GW	4	USA	40,3 GW
5	UK	2 GW	5	Italy	19,3 GW
6	Germany	1,5 GW	6	UK	11,6 GW
7	Korea	0,9 GW	7	India	9 GW
8	Australia	0,8 GW	8	France	7,1 GW
9	Philippines	0,8 GW	9	Australia	5,9 GW
10	Chile	0,7 GW	10	Spain	5,5 GW

图 1.2　光伏装机容量排名前十国家和地区统计数据

当今世界面临着经济和社会可持续发展的双重挑战,人类必须解决能源和环境问题,在资源和环保的双重制约下发展经济,这就需要我们寻找清洁环保、储量丰富的可替代能源。储量丰富的太阳能资源,为大力发展太阳能光伏发电提供了有利条件,也为从战略上彻底改善能源结构和能源的可持续性发展提供了有利条件。根据国际权威机构预测,到 2030 年,可再生能源在总能源结构中将占到 30%以上,其中,太阳能光伏发电在世界总电力的供应中达到 10%以上;2040 年可再生能源占总能耗 50%以上,其中,太阳能光伏发电将占总电力的 20%以上;到 21 世纪末,可再生能源在能源结构中将占到 80%以上,太阳能发电占到 60%以上,由此可以显示出光伏发电的重要战略地位[18,19]。

1.2　分布式光伏并网系统关键技术问题分析

光伏发电具有随机性和间歇性的特点,其运行机理和常规发电机组存在较大差异,分布式光伏电站并网势必会对电力系统的安全稳定运行带来严峻的挑战。

但鉴于分布式光伏电站良好的发展前景,进行分布式光伏的关键技术领域研究十分必要。而对光伏电站关键技术进行研究首先需要建立可以准确反映实际光伏电站运行特性的数学模型。目前对于分布式光伏发电系统中各个组成模块的建模已经有学者开展了相关的研究工作,但其模型的精确性不够,针对谐波谐振特性分析问题,模型的通用性和适应性仍需要进一步研究。

分布式光伏并网发电系统在光伏发电中距离负荷中心最近,效益最明显。该系统主要与面向用户的配电网相连接,具有多机并联、多点接入、随机分散等特点。随着分布式光伏并网发电规模的不断扩大,并网节点的增多,发电功率大范围的随机波动及并网发电装置的电流谐波和扰动等,势必会影响配电网的供电质量和运行安全保护等。此外,规模化、多逆变器接入的光伏发电系统,其产生的谐波电流总量将会较大,各机组之间也可能产生谐波叠加放大作用,将影响电网供电质量。因此,针对分布式光伏多机并网系统的特点,研究系统并网电流谐波谐振特性及其抑制方法,将会为分布式发电系统并网电能质量的提高提供重要的理论基础和设计指导[20,21]。

1.2.1　分布式光伏并网系统建模问题分析

分布式光伏并网发电单元由光伏阵列、汇流器、单级式或双级式逆变器、滤波器及变压器等模块构成,由光伏阵列产生的直流电经过汇流器、逆变器、滤波器和变压器等模块转化为与电网同频的交流电送入电网。光伏发电单元建模的一般思路是首先对发电单元的各个组成模块建模,在此基础上再建立发电单元的整体数学模型。

如何建立更为精确的光伏电池模型和光伏逆变器并网系统模型,为分布式光伏系统的设计及其分布规划提供更合理的理论分析工具是亟待解决的关键问题。

关于光伏电池模型的研究,在支持光伏发电系统的数字仿真、输出功率预测、运行调度和优化设计时,均需要对光伏电池及其阵列的电气特性进行精确建模。硅光伏电池在工程应用中占主导地位,其单二极管等效电路模型在理论仿真研究中最为常用,由于其数学方程表达式中含有五个需要确定的参数(光伏电池光生电流 I_{ph}、二极管反向饱和电流 I_{sat}、串联等效电阻 R_s、并联等效电阻 R_{sh} 和二极管质量因子 A),通常称其为五参数模型。仅利用标准测试条件下的开路电压 U_{oc}、短路电流 I_{sc}、最大功率点电压 U_m 和最大功率点电流 I_m,如何用更加优化的算法对模型五参数进行精确求解,并同时精确给出电池模型参数随辐照强度和温度的变化关系是需要进一步研究的问题。关于光伏逆变器并网系统模型的研究,逆变器并网电流的谐波谐振主要由逆变桥输出的谐波电压或并网节点谐波电压激励产生,现有的电流源型的逆变器等效电路模型不符合在谐波电压的作用下通过系统在谐振频率下形成的近似短路回路作用产生大谐振电流的串联谐振特点,因而如何建立电压源型的阻抗串联等效电路模型也是需要进一步研究的问题。

1.2.2　分布式光伏并网系统谐波问题分析

电力系统的谐波问题研究始于 20 世纪 20 年代,当时由于使用静止汞弧变流器而造成了电压、电流波形的畸变,引起科研人员关注并开始研究。目前由于大量电力电子装置在电力系统、工业、家庭中的普遍应用,所产生的谐波对电网的影响日益严重[22,23]。

在理想的供配电系统中,总希望电压和电流为工频正弦波形。其中正弦电压可表示为如下形式:

$$u(t) = \sqrt{2}\,U\sin(\omega t + \alpha) \tag{1.1}$$

式中,U 为电压有效值;α 为初相角;ω 为角频率,$\omega = 2\pi f$,f 为频率,一般为工频 $50\,\text{Hz}$,$T = \dfrac{1}{f}$ 为周期。但由于非线性负荷的存在,配网中的电压波形往往偏离正弦波形而发生畸变。

对于频率为工频的非正弦电压 $u(\omega t)$,一般满足狄利克雷条件,可分解为傅里叶级数形式:

$$u(\omega t) = a_0 + \sum_{n=1}^{\infty}(a_n\cos(n\omega t) + b_n\sin(n\omega t)) \tag{1.2}$$

其中

$$a_0 = \frac{1}{2\pi}\int_0^{2\pi}u(\omega t)\mathrm{d}(\omega t), \quad a_n = \frac{1}{2\pi}\int_0^{2\pi}u(\omega t)\cos(n\omega t)\mathrm{d}(\omega t),$$

$$b_n = \frac{1}{2\pi}\int_0^{2\pi}u(\omega t)\sin(n\omega t)\mathrm{d}(\omega t) \quad (n = 1,2,\cdots)$$

傅里叶级数还可以写成如下形式:

$$u(\omega t) = a_0 + \sum_{n=1}^{\infty}\int_0^{2\pi}c_n\sin(n\omega t + \varphi_n) \tag{1.3}$$

其中

$$c_n = \sqrt{a_n^2 + b_n^2}, \quad \varphi_n = \arctan(a_n/b_n),$$

$$a_n = c_n\sin\varphi_n, \quad b_n = c_n\cos\varphi_n \quad (n = 1,2,\cdots)$$

在式(1.2)给出的傅里叶级数中,频率为 $\dfrac{\omega}{2\pi}$ 的分量称为基波;频率为大于 1 整数倍基波频率的分量称为谐波。谐波次数为谐波频率和基波频率的整数比。

对于非正弦电流,以上公式及定义同样适用,把式中 $u(\omega t)$ 换成 $i(\omega t)$ 即可。

由于电力系统一般是由双向对称的元件组成的,这些元件产生的电压和电流具有半波对称性,半波对称性的特点是:$f\left(t \pm \dfrac{T}{2}\right) = -f(t)$,即没有直流分量且偶次谐波被抵消,此特点使我们可以忽略电力系统中的偶次谐波。

在对称的三相电路中,三相电压可以表示为

$$U_a = U_m\cos\left(\omega t\right), \quad U_b = U_m\cos\left(\omega t - \frac{2\pi}{3}\right), \quad U_c = U_m\cos\left(\omega t + \frac{2\pi}{3}\right)$$

$$(1.4)$$

设 a 相电压所含的 n 次谐波为

$$u_{an}(t) = \sqrt{2}U_n\sin\left(n\omega t + \varphi_n\right) \tag{1.5}$$

则 b、c 相电压所含 n 次谐波就分别为

$$u_{bn}(t) = \sqrt{2}U_n\sin\left(n\omega t - \frac{2n\pi}{3} + \varphi_n\right), u_{cn}(t) = \sqrt{2}U_n\sin\left(n\omega t + \frac{2n\pi}{3} + \varphi_n\right)$$

$$(1.6)$$

分析以上各式可以得出:① 当 $n=3k(k=1,2,3,\cdots)$时,三相电压谐波的大小和相位均相同,为零序谐波;② 当 $n=3k+1(k=1,2,3,\cdots)$时,谐波相序是 $a\to b\to c$,即这些次数的谐波是正序谐波;③ 当 $n=3k-1(k=1,2,3,\cdots)$时,谐波相序是 $c\to b\to a$,即这些次数的谐波是负序谐波。在三相对称电路中,谐波也是三相对称的。无论是三相三线电路还是三相四线电路,相电压中可以包含零序谐波,但线电压中都不含有零序谐波。电流谐波分析与电压谐波相同,对于各相电流来说,在三相三线电路中,没有零序谐波电流,而在三相四线电路中,中心点接地的情况下零序谐波电流可以从中性线流过。另外,在平衡的配网系统中,网络的线性性决定了不同次谐波的响应是相互独立的,可以对各次谐波分别建立等效电路(在频域中)求解电流和电压,再利用线性网络的叠加原理求出总的响应。

谐波的危害包含多个方面。谐波会使公共电网中的元件产生附加损耗,降低发电、输电及用电设备的效率。谐波会影响各种电气设备的正常工作,使电机负载产生机械振动、噪声和过电压;使变压器局部严重过热;使电容器和电缆设备过热,加速其绝缘材料老化。谐波会引起新能源并网系统发生并联谐振和串联谐振,从而使部分频段谐波放大,加重了其危害性,甚至导致系统不稳定,引起安全生产事故。谐波会导致继电保护装置误动作,使电气测量仪表不准确,对附近的通信系统产生噪声干扰,降低通信质量,严重时会导致通信信息的丢失,使通信系统无法工作。

分布式光伏多机并网系统运行的稳定性与并网的电能质量也同样受到各种谐波的影响,其中的谐波源主要来自于两个方面:其一是复杂电网背景谐波,电网背景谐波取决于区域电网内的用户负载以及电网本身电力电子装置的使用情况;其二是逆变器系统本身的电路元部件及其控制方式产生的谐波。光伏逆变器对电网注入的电流谐波影响范围广,改变了电压平均值,造成电压闪变,产生谐波畸变功率,使得功率因数下降[24,25]。

谐波标准是控制谐波含量的主要技术依据,是确保谐波源(用户)和电网之间相互协调、安全和经济运行的重要标准。通常涉及的指标参数如下:

① n 次谐波电压含有率,以 HRU_n(Harmonic Ratio U_n)表示;n 次谐波电流含有率,以 HRI_n(Harmonic Ratio I_n)表示。

$$HRU_n = \frac{U_n}{U_1} \times 100\%, \quad HRI_n = \frac{I_n}{I_1} \times 100\% \tag{1.7}$$

其中,U_n 为第 n 次谐波电压的有效值;U_1 为基波电压的有效值;I_n 为第 n 次谐波电压的有效值;I_1 为基波电压的有效值。

② 谐波电压含量 U_H 和谐波电流含量 I_H。分别定义为

$$U_H = \sqrt{\sum_{n=2}^{\infty} U_n^2}, \quad I_H = \sqrt{\sum_{n=2}^{\infty} I_n^2} \tag{1.8}$$

③ 电压谐波总畸变率 THD_u(Total Harmonic D_u)和电流谐波总畸变率 THD_i(Total Halminic D_i)。分别定义为

$$THD_u = \frac{U_H}{U_1} \times 100\%, \quad THD_i = \frac{I_H}{I_1} \times 100\% \tag{1.9}$$

目前多数国家采用谐波总畸变率(THD_u、THD_i)和 n 次谐波含有率(HRU_n、HRI_n)两个标准来衡量正弦波形的畸变情况。低压电网一般采用 5% 作为电压谐波总畸变率标准,电网电压等级越高,谐波电压标准越严格。

国际电工委员会(IEC)制定了电磁兼容(EMC)61000 系列标准,IEC 61000-2-2《公用低压供电系统低频传导干扰和信号的兼容性水平》规定了低压电网中单次谐波电压兼容性水平,如表 1.1 所示。从表 1.1 可以看出,不同次数的谐波电压限值标准不尽相同,高次谐波电压限值标准要高于低次谐波电压限值标准,3 倍数次奇次谐波电压限值标准要高于非 3 倍数次奇次谐波电压限值标准。

表 1.1　中低压配网中谐波限值标准

奇次谐波(3 倍数次)		奇次谐波(非 3 倍数次)		偶次谐波	
谐波次数 h	谐波电压/%	谐波次数 h	谐波电压/%	谐波次数 h	谐波电压/%
3	5	5	6	2	2
9	1.5	7	5	4	1
15	0.3	11	3.5	6	0.5
21	0.2	13	3	8	0.5
>21	0.2	17	2	10	0.5
		19	1.5	12	0.2
		23	1.5	>12	0.2
		25	1.5		
		>25	$0.2 + 1.3 \times (25/h)$		

我国于 1993 年颁布了相关方面的国家标准 GB/T 14549—1993《电能质量—公用电网谐波》,以将公用电网的谐波量控制在允许范围内,确保配网系统中的供电质量,防止谐波对各种电气设备造成危害,保证配网系统和用户设备安全经济运行。该标准中规定的公用电网谐波电压限值标准如表 1.2 所示[26,27]。

表 1.2　我国公用电网谐波限值标准

电网标称电压/kV	电压总谐波畸变率/%	各次谐波电压含有率/%	
		奇次谐波	偶次谐波
0.38	5.0	4.0	2.0
6	4.0	3.2	1.6
10	4.0	3.2	1.6
35	3.0	2.4	1.2
66	3.0	2.4	1.2
110	2.0	1.6	0.8

光伏并网逆变器的并网电流 THD 及各次谐波含量的限值标准,在 IEEE Std 929—2000 中已经做出了相关规定,在逆变器以额定功率运行时,其并网电流 THD 应小于 5%,其中奇次谐波电流限值标准如表 1.3 所示,偶次谐波电流限值为同范围内奇次谐波含量的 25%[28]。

表 1.3　IEEE Std 929—2000 光伏并网逆变器谐波限值标准

奇次谐波	谐波含量	奇次谐波	谐波含量
3~9 次	<4%	23~33 次	<0.6%
11~15 次	<2%	>33 次	<0.3%
17~21 次	<1.5%		

1.2.3　分布式光伏并网系统谐振问题分析

物理学上的共振是指两个振动频率相同的物体,当其中一个发生振动时,引起另一个物体随之振动的现象。在电磁学中,将由激励源引起的共振现象称之为"谐振",包括串联谐振和并联谐振。图 1.3 给出了几种谐振电路,图 1.3(a)为 RLC 串联谐振电路,图 1.3(b)为 GLC 并联谐振电路,图 1.3(c)为 LLC 串并联谐振电路,图 1.3(d)为 CCL 串并联谐振电路。

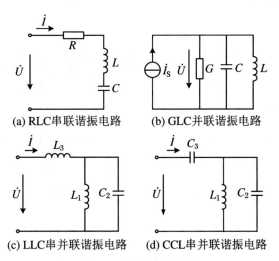

(a) RLC串联谐振电路　　(b) GLC并联谐振电路

(c) LLC串并联谐振电路　　(d) CCL串并联谐振电路

图 1.3　基本谐振电路

对于电路的某一端口或某一支路来说,发生谐振的基本条件是端口或支路上的电压与电流同相位,即有 $\mathrm{Im}(Z(\mathrm{j}\omega)) = 0$ 或 $\mathrm{Im}(Y(\mathrm{j}\omega)) = 0$ 时,则认为电路的这个端口或这条支路发生了谐振。虽然谐振电路拓扑形式有多种,但谐振现象的本质表现形式只有两种:一种表现为在谐波电压的作用下通过系统在谐振频率下形成的近似短路回路作用产生大谐振电流的串联谐振;另一种表现为在谐波电流的作用下通过系统在谐振频率下形成的近似开路作用产生大谐振电压的并联谐振[29]。谐振电压和谐振电流在很多情况下使系统不能稳定工作甚至使电气设备遭到破坏,其危害性极大,所以在工程技术上有必要具体分析系统电路发生谐振的可能性,研究系统发生谐振的机理,避免谐振现象的发生。

对于高密度分布式光伏接入系统,其入网电流的谐振现象可能有多种表现形式,它既可以表现在某台或某几台逆变器的输出电流上,也可能表现在系统总的输出电流上。在 MATLAB 环境下可以对各种谐振现象进行模拟,图 1.4 给出了不同状况下逆变器并网系统出现谐振现象时输出电流的波形。

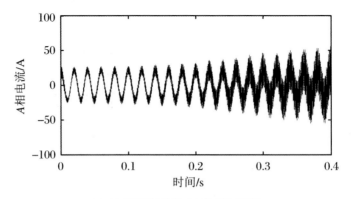

（a）比例系数不当引起的谐振模拟

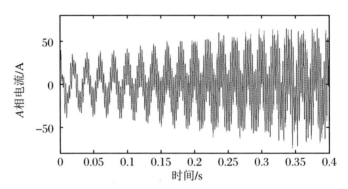

（b）积分系数不当引起的谐振模拟

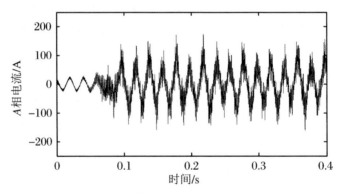

（c）滤波器参数不当引起的谐振模拟

图 1.4　不同状况下逆变器并网谐振现象模拟

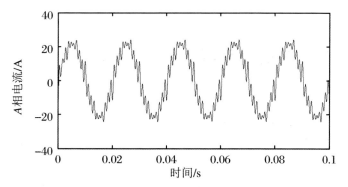

（d）复杂电网背景谐波引起的谐振模拟

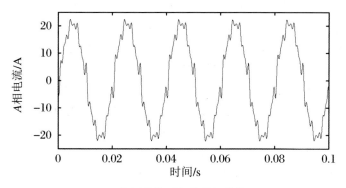

（e）电网阻抗引起的谐振模拟

续图 1.4 不同状况下逆变器并网谐振现象模拟

分布式光伏接入系统在不同状况下的谐振现象模拟表明，发生谐振的原因主要包括两个方面：一方面是由逆变器自身内部因素引起的谐振；另一方面是由电网外部因素引起的谐振。

逆变器自身内部因素，包括逆变器并网控制策略不当、控制参数选择不当、滤波器参数选择不当、死区的设置不当以及控制系统采样延迟的存在，均有可能造成系统发生谐振而导致部分频段谐波放大，甚至导致系统振荡发散而变得不稳定。电网外部因素引起的谐振，主要是由于复杂电网含有多频次复杂谐波，在逆变器自身输出阻抗与电网阻抗相互匹配时，引起逆变器与电网之间发生谐振，导致谐振频率点附近谐波放大，影响并网电流质量。本书的第 4 章将针对不同状况下单逆变器并网和多逆变器并网发生谐振的机理进行详细分析，并提出相应的抑制策略。

1.3 分布式光伏并网系统关键技术研究现状分析

在光伏电池建模方面,从建模机理上划分可分物理建模和工程用数学建模两种。文献[30]从物理建模的角度给出了一种光伏电池的建模方法,该模型根据不同工况下开路点、最大功率点和短路点的数据信息,计算得到单二极管光伏组件等效模型的 I-V 非线性方程参数,具有较高的建模精度。文献[31,32]同样从物理建模的角度分别提出了适用于光伏组件和光伏阵列的数学模型。物理建模虽然精度很高,但是计算过程复杂,数据处理量大,不适宜在工程上使用。为了优化设计太阳能光伏发电系统,有必要研究适用于太阳能光伏发电系统的工程数学模型。对硅太阳电池的物理数学模型进行简化分析处理,建立实用的硅太阳电池工程用数学模型,是光伏技术研究人员需要解决的实际问题。

做光伏系统工程设计时,设计人员关心的是太阳电池的输出电气特性,它是随太阳光照强度、环境温度和电池本身参数等不断变化的非线性函数,实用的工程数学模型应该能基于这些变化的参数准确地模拟出太阳电池的输出电气特性。文献[33]在国内较早地使用工程计算方法对光伏电池进行建模,提出了满足工程应用精度且便于运算的太阳电池数学模型,该模型的特点是仅采用生产厂家为用户提供的太阳电池组件在标准测试条件(STC)下测出的开路电压 U_{oc}、短路电流 I_{sc}、最大功率点电压 U_m 和最大功率点电流 I_m 作为参数,通过引入相应系数来考虑环境影响,并给出系数的典型值,其模型的误差一般在 6% 以下,可以满足绝大多数工程项目对物理模拟的精度要求。文献[34]提出的硅太阳电池工程用数学模型,是在理想模型的假设下,通过两点近似,即 $(V + I \cdot R_s)/R_{sh} = 0$ 和 $I_{sc} \cong I_{ph}$,将五参数模型降为二参数模型,其主要缺点是忽略了 R_s 和 R_{sh} 的影响,模型过于理想化,精度不高(6% 以内)。文献[35]通过假设 $V_{oc}/R_{sh} \approx 0$,将五参数模型简化为含有 R_s、R_{sh} 和 A 的三参数模型,并在求取 R_s 和 R_{sh} 的过程中将 A 值近似为 1.3,模型精度提高不明显。文献[36]忽略模型中的 $(V + I \cdot R_s)/R_{sh}$ 项,通过不断变化 A 值进行计算,以找出合适的 I_{sat} 和 R_s,对于并联等效电阻相对不大的产品,其模型将不再适用。在以上文献中,关于模型参数的确定多采用模型参量降级的方法,在模型参数的求解过程中对 R_s、R_{sh} 和 A 均做了不同程度的近似,影响了硅太阳电池工程模型精度。

最大功率点跟踪(MPPT)控制策略建模是光伏发电单元研究中的重要组成部分。目前根据 MPPT 控制策略与实现方式的差异,主要可归纳为 3 种类型的跟踪算法:① 基于输出特性曲线的开环 MPPT 控制方法,主要有定电压跟踪法、短路电流比例系数法和插值计算方法等;② 闭环 MPPT 控制方法,该方法是通过对光伏电池输出电压和电流值的实时测量与闭环控制来实现 MPPT 控制,使用最广泛的自寻优类算法即属于这一类,典型的自寻优类算法有扰动观察法和电导增量法[37];③ 智能 MPPT 控制算法,包括基于模糊理论的 MPPT 控制、基于人工神经网络的 MPPT 控制和基于符合智能方法的 MPPT 控制等[38,39]。

分布式光伏电站在实际运行中,由于周围建筑物、树木和云层等的遮挡,光伏阵列经常处于局部阴影中。处于局部阴影中的集中式发电系统整体输出功率严重下降,输出的 P-U 特性曲线呈现多峰值特性,因而进行局部阴影情况下 MPPT 控制研究是非常必要的。文献[40]较早对光伏阵列的多峰值全局最大功率点跟踪进行了论述,所提方法首先采用阻抗闭环控制实现光伏阵列 I-U 曲线上最大功率点的初步定位,然后采用扰动观测法进行跟踪,其缺点是容易陷入局部极值点且跟踪过程较慢。文献[41,42]提出的多峰值最大功率点跟踪方法,需要大量的光伏阵列结构和组件类型等数据信息和不同阴影模式下峰值点的分布规律,因此该方法缺乏实用性,而且同样存在陷入局部极值问题。文献[43,48]提出的改进扰动观测虽然不存在陷入局部极值的问题,但存在稳态功率振荡问题。因此,根据局部阴影条件下光伏阵列输出多峰值特性,提出优化的 MPPT 全局跟踪算法,确保寻优过程不会陷入局部极值点,实现部分遮蔽情况下分布式光伏系统最大功率点的稳定跟踪,避免系统工作点在最大功率点附近振荡现象,是需要解决的实际问题。

针对光伏多机并网出现的复杂谐波谐振现象,国内外已有文献对之进行了理论和实验分析。文献[49,50]属于较早研究多机系统谐波谐振现象的文献,分析了逆变器之间的耦合,从系统的角度对谐振问题进行了分析。文献[51]建立了单机系统电流源型的诺顿等效电路,基于该等效电路构建了多机系统网络模型,并推导出系统传递函数表达式。文献[52,53]在文献[51]所提模型的基础上,根据系统传递函数零、极点的分布规律,对多机系统的稳定性进行了分析。上述多机系统模型均是基于所有逆变器的滤波器参数和控制参数相同得出的,文献[54,55]在此基础上提出了各逆变器参数不一致时的谐振分析方法。文献[56]建立了包括电流控制、电压前馈和 PWM 谐波特性的单机电流源型小信号电路模型,基于该单机模型进一步拓展到多机网络模型,并考虑到了控制与载波是否同步的因素对多机系统谐振的影响。以上文献共同的特点均是基于电流源型的逆变器等效电路模型进行谐振机理分析,由于研究的目标是逆变器并网电流的谐波谐振现象,谐振激励源主要是由逆变桥输出的谐波电压和并网节点谐波电压,符合在谐波电压的作用下通过系统在谐振频率下形成的近似短路回路作用产生大谐振电流的串联谐振特点,因而建立电压源型的阻抗串联等效电路更符合研究要求。文献[57]首先提出了电压源型的单机等效电路模型,并基于单机模型推出了多机并网的系统模型,利用频域分析法分析了系统的内部稳定性和外部稳定性,分析了单机系统等效输出阻抗与多机系统等效输出阻抗之间的关系,但其建模过程主要是从电路网络拓扑角度进行分析,并未考虑各逆变器控制环节的影响,因而其所建模型不具有完整性和通用性。文献[58]亦是在不考虑逆变器并网电流控制的基础上,分析了多机并网开环的谐波谐振特性。

为了提高分布式光伏系统的稳定性,单机系统和多机系统的谐振抑制策略也成为研究的重要任务之一。对于单机系统,其谐振抑制策略主要包括无源阻尼方法[59-72]和有源阻尼方法[73-87]。无源阻尼方法在滤波器电容支路或电感支路串并联阻尼电阻,其实现形式简单且不需要改变控制算法,但阻尼电阻的加入会带来附加损耗,随着光伏并网逆变器功率的增大,损耗也在增大,同时电网阻抗的变化会影响其阻尼特性[63,64,67,69,70,72]。有源阻尼方法无需加入实际的阻尼电阻,而是通过系统的控制策略来实现阻尼作用,原系统的传递特性出现正谐振峰时,可以利用控制算法产生一个负谐振峰与之叠加,从而抵消和抑制原系统传递特性中出现的正谐振峰,达到抑制系统谐振的目的[88-98]。在现有文献中,以上所提的抑制策略主要是针对单机系统进行分析,在多机系统中,其抑制效果仍需要进一步分析验证。

谐波谐振机理研究,目前大多数文献都是基于电流源型逆变器等效电路对系统的谐波谐振机理进行分析,建模过程中未考虑逆变器的控制策略或者只考虑到基本的控制策略,所建模型缺乏通用性,对控制参数以及电网参数的变化对谐振的影响未做全面分析,对于谐振频率点的位置缺乏准确判断,不能为逆变器的设计提供更精确的数据参考,对系统的谐振机理及其抑制方法仍需更进一步的深入研究。

第 2 章　分布式光伏并网系统建模研究

光伏并网系统的组成包括光伏阵列、前级 DC/DC 电路、后级逆变电路和并网滤波接口电路。本章利用粒子群优化算法分析了任意辐照度和温度条件下硅太阳电池的输出特性，给出了逆变器前级 DC/DC 变换电路、后级 DC/AC 变换电路以及并网接口滤波电路的建模分析，基于电网电压定向的常规并网控制策略，通过控制框图等效变换，提出了一种电流控制电压源形式的逆变器受控源等效电路模型，给出了模型参数的详细计算。模型能准确反映逆变器并网运行时的工作特性，同时又具有一定的通用性，为后续逆变器并网系统的谐波谐振机理分析及其抑制方法研究提供了理论基础。

2.1　分布式光伏接入方案及单机并网系统的基本组成

分布式光伏电站建在用户侧，一般通过一条或多条低压配电线路接入用户侧配电系统，就地并网发电，就近消纳，不仅可以避免集中式光伏电站需要长距离高压输电问题，而且能够提高供电安全可靠性以及解决偏远地区用电的问题。随着城市化分布式光伏发电项目的逐渐增多，以及国家农村光伏扶贫项目的迅速推进，分布式光伏发电已经呈现出高密度、多接入点的特征。例如，从 2014 年 3 月 4 日安徽省金寨县第一台并网发电的光伏扶贫试点电站正式建成并网发电开始，至今该县局部农村地区几乎家家都装上了新能源光伏并网电站，就局部配电网来说，已形成了高密度分布态势。根据当前的推广应用情况，高密度分布式光伏并网在偏远农村和城市工业区的典型接入方案如图 2.1 和图 2.2 所示。

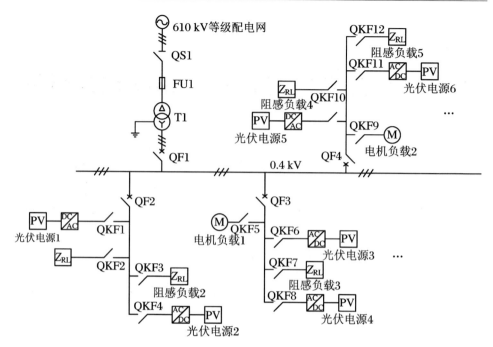

图 2.1　农村局部配电网高渗透率分布式光伏接入方案

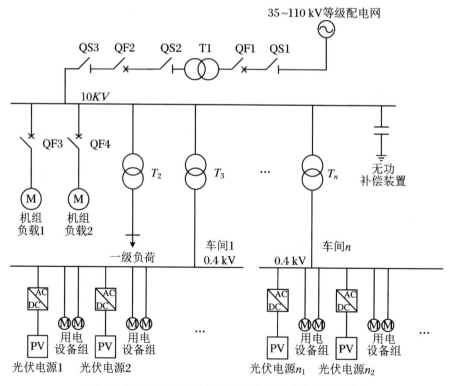

图 2.2　某工厂区域配电网高渗透率分布式光伏接入方案

在图 2.1 和图 2.2 中,QS 为高压隔离开关,FU 为熔断器,QF 为断路器,QKF 为低压熔断器式刀开关。在分布式结构中,每一节点有可能是单机接入,也有可能是多机并联接入,单机接入单元属于基本并网发电单元。

分布式光伏单机并网系统的基本组成如图 2.3 所示,包括光伏阵列、前级 DC/DC 升压电路、后级桥式逆变电路和输出并网滤波接口电路等。多个光伏组件经过串并联可以组成不同体系结构的光伏阵列;前级 DC/DC 升压电路将光伏阵列输出的直流电压提升到 400 V 以上,使得桥式电路具备逆变并网的基本条件;输出并网滤波接口电路将逆变器输出电流中的谐波部分尽可能降低滤除,使系统入网电流符合国家并网标准。图 2.3 中,i_{sp} 为阵列输出电流,i_{ksp} 为经过升压后的电流,i_{dc} 为逆变器直流侧电流,i_{1a}、i_{1b}、i_{1c} 分别为逆变器输出侧电流,i_{2a}、i_{2b}、i_{2c} 分别为网侧电流,u_{ga}、u_{gb}、u_{gc} 分别为电网电压[99]。

分布式光伏单机系统作为分布式光伏电站的基本单元,对其进行建模研究是设计、分析和规划分布式光伏电站的理论基础。建模的一般思路是首先对发电单元的各个组成模块建模,再在此基础上建立适合谐波谐振分析的系统整体数学模型。分布式光伏发电单元建模包括光伏阵列建模、前级 DC/DC 电路建模、最大功率跟踪建模、后级 DC/AC 逆变电路建模、并网滤波接口电路及并网控制策略建模等。

2.2　任意辐照度和温度条件下硅太阳电池模型研究

太阳电池是实现光电转换的核心器件,根据材料不同,可分为硅太阳电池、化合物太阳电池和有机材料太阳电池,其中硅太阳电池包括晶体硅太阳电池、多晶硅薄膜太阳电池、非晶硅薄膜太阳电池,晶体硅太阳电池又可分为单晶硅(体)太阳电池和多晶硅(体)太阳电池。目前占生产、市场和应用主导地位的是晶体硅太阳电池,市场占有率约为 90%。

硅太阳电池单二极管等效电路模型在工程模拟研究中最为常用。由于该模型表达式中含有 5 个需要确定的参数(I_{ph}、I_{sat}、R_s、R_{sh} 和 A),因而称其为五参数模型[100-109]。其等效电路图如图 2.4 所示,数学方程表达式如式(2.1)所示。

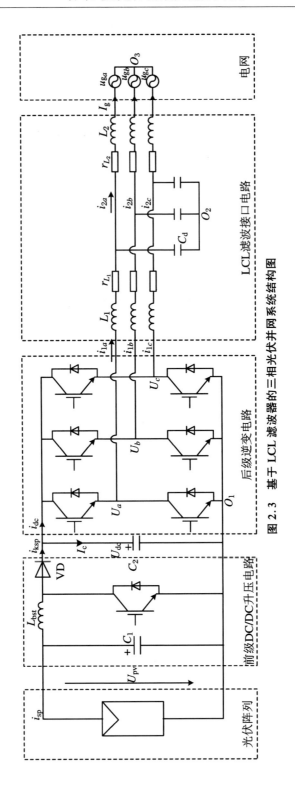

图 2.3 基于 LCL 滤波器的三相光伏并网系统结构构图

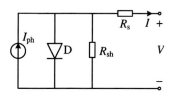

图 2.4　硅太阳电池单二极管等效电路模型

$$I = I_{ph} - I_{sat}\left\{\exp\left[\frac{V + I \cdot R_s}{\alpha}\right] - 1\right\} - \frac{V + I \cdot R_s}{R_{sh}} \tag{2.1}$$

式中, I_{ph} 为太阳电池光生电流, 单位为 A; I_{sat} 为电池二极管反向饱和电流, 单位为 A; R_s 为电池串联等效电阻, 单位为 Ω; R_{sh} 为电池并联等效电阻, 单位为 Ω; α 为理想因子, 有 $\alpha = AkT/q$, 其中, A 为二极管质量因子, 取值范围为 $1 \leqslant A \leqslant 2$, k 为玻尔兹曼常数, 取值为 1.38×10^{-23} J/K, q 为电子电荷, 取值为 1.6×10^{-19} C, T 为太阳电池绝对温度, 单位为 K; V 为太阳电池输出电压, 单位为 V; I 为太阳电池输出电流, 单位为 A。

2.2.1　标准测试条件下特性参数求解分析

在基本解析表达式(2.1)中有 5 个参数(I_{ph}、I_{sat}、R_s、R_{sh}、A)需要确定, 根据电池处于短路状态、开路状态和最大功率点处的特性, 可以列出相应的方程式。

(1) 短路状态时, 将短路电流点($0, I_{sc}$)代入式(2.1), 可得

$$I_{sc} = I_{ph} - I_{sat}\left\{\exp\left[\frac{I_{sc}R_s}{\alpha}\right] - 1\right\} - \frac{I_{sc}R_s}{R_{sh}} \tag{2.2}$$

由于在短路状态下, 电池单体的 R_s 远小于二极管正向导通电阻, 标准测试条件下式(2.2)中后两项可忽略, 即有

$$I_{sc} \cong I_{ph} \tag{2.3}$$

(2) 开路状态时, 将开路电压点($V_{oc}, 0$)代入式(2.1), 可得

$$I_{sat} = (I_{ph} - V_{oc}/R_{sh})/[\exp(V_{oc}/\alpha) - 1] \tag{2.4}$$

(3) 在最大功率点处, 将最大功率点(V_m, I_m)代入式(2.1), 可得

$$I_m = I_{ph} - I_{sat}\left\{\exp\left[\frac{V_m + I_m R_s}{\alpha}\right] - 1\right\} - \frac{V_m + I_m R_s}{R_{sh}} \tag{2.5}$$

将式(2.3)和式(2.4)代入式(2.5), 可得

$$0 = \left[\frac{I_{sc}R_{sh} - V_m - I_m R_s - I_m R_{sh}}{I_{sc}R_{sh} - V_{oc}}\right]\exp\left[\frac{V_{oc}}{\alpha}\right] - \exp\left[\frac{V_m + I_m R_s}{\alpha}\right]$$
$$- \left[\frac{V_{oc} - V_m - I_m R_s - I_m R_{sh}}{I_{sc}R_{sh} - V_{oc}}\right] \tag{2.6}$$

在最大功率点处满足 $dP/dV = 0$, 由此得

$$\frac{\mathrm{d}P}{\mathrm{d}V} = \left\{ I_{sc} - I_{sat} \left\{ \exp\left[\frac{V_m + I_m R_s}{\alpha}\right] - 1 \right\} - \frac{V_m + I_m R_s}{R_{sh}} \right\}$$

$$+ V_m \left\{ -\frac{1}{\alpha} I_{sat} \exp\left[\frac{V_m + I_m R_s}{\alpha}\right] - \frac{1}{R_{sh}} \right\} = 0 \qquad (2.7)$$

将式(2.3)和式(2.4)代入式(2.7),可得

$$0 = I_{sc} - \frac{I_{ph} - \dfrac{V_{oc}}{R_{sh}}}{\exp\left[\dfrac{V_{oc}}{\alpha}\right] - 1} \left\{ \left(\frac{\alpha - V_m}{\alpha}\right) \exp\left[\frac{V_m + I_m R_s}{\alpha}\right] - 1 \right\} - \frac{2V_m + I_m R_s}{R_{sh}}$$

$$(2.8)$$

根据式(2.2)、式(2.4)、式(2.5)、式(2.8)四个方程的特点,以及 R_{sh} 和 A 的取值范围,可以利用粒子群优化算法,在不做任何近似的情况下对模型五参数进行求解,达到进一步提高模型精度的目的。

2.2.2　基于粒子群优化算法的特性参数计算

群智能优化算法源于对以蚂蚁、鱼、鸟等为代表的社会性动物群体行为的研究,最早被用在细胞机器人系统的描述中,具有分布式控制、群体自组织性等特点。群可被描述为一些相互作用简单个体的集合体,蜂群、蚁群、鸟群、鱼群都是群的典型例子。群个体的行为能力非常有限,它几乎不可能独立生存于自然界中,而许多动物群体则具有非常强的生存能力,且这种能力不是来源于个体能力的简单叠加。社会性动物群体所拥有的这种特性能帮助个体很好地适应环境,个体所能获得的信息远比它通过自身感觉器官所取得的多,其根本原因在于个体之间存在着信息交互能力。信息的交互过程不仅仅在群体内传播了信息,而且群内个体还能处理信息,并根据所获得的信息(包括环境信息和附近其他个体的信息)改变自身的行为模式和规范。这样就使得群体涌现出一些独立个体所不具备的能力和特性,尤其是对环境的适应能力。这种对环境变化所具有的适应能力可以被认为是一种智能,也就是说动物个体通过群聚而产生出了智能。群智能理论及其应用已成为人工智能领域新的研究热点。粒子群优化算法(particle swarm optimization,PSO)是基于群智能理论的算法,自从 1995 年 Kennedy 和 Eberhart 首次提出以来,吸引了越来越多国内外学者的关注并进行深入的研究。PSO 的基本思想是通过群体中个体之间的协作和信息共享来寻找最优解,首先随机初始化为目标函数的一个解群体,群体中的每个个体称为一个粒子,其次让每个粒子模仿鸟类的觅食行为,通过跟踪两个极值来实现在搜索空间寻找最优解的目的:一个是每个粒子当前已经搜索到的最优位置(适应度最大),称为个体极值;另一个是整个粒子群当前已经搜索到的最优位置,称为全局极值[110-113]。

PSO 算法可描述如下：

假设在 D 维搜索空间有 m 个粒子，第 i 个粒子在搜索空间的位置用向量 $\boldsymbol{X}_i = [x_{i1}, x_{i2}, \cdots, x_{iD}]^T$ 表示，其个体极值记为 $\boldsymbol{P}_i = [P_{i1}, P_{i2}, \cdots, P_{iD}]^T$，而全局极值记为 $\boldsymbol{P}_g = [P_{g1}, P_{g2}, \cdots, P_{gD}]^T$。在迭代过程中，第 i 个粒子以速度 $\boldsymbol{V}_i = [v_{i1}, v_{i2}, \cdots, v_{iD}]^T$ 在搜索空间飞行。每个粒子的飞行速度及位置按式（2.9）和式（2.10）进行修正：

$$v_{id}(t+1) = wv_{id}(t) + c_1 r_1 [p_{id}(t) - x_{id}(t)] + c_2 r_2 [p_{gd}(t) - x_{id}(t)]$$
$$(1 \leqslant i \leqslant m, 1 \leqslant d \leqslant D) \tag{2.9}$$

$$x_{id}(t+1) = x_{id}(t) + v_{id}(t+1) \quad (1 \leqslant i \leqslant m, 1 \leqslant d \leqslant D) \tag{2.10}$$

其中，c_1、c_2 为正常数，称为加速因子，通常取 $c_1 = c_2 = 2.0$；r_1、r_2 为 $[0,1]$ 区间的随机数；w 为惯性因子，一般取 $[0.1, 0.9]$ 区间的数。在迭代的过程中，粒子的速度向量被限制在 $[X_{min}, X_{max}]$ 范围内，X_{min} 和 X_{max} 由实际问题决定。

将由并联电阻 R_{sh} 和二极管质量因子 A 构成的个体粒子在二维空间编码（采用实数编码技术）如下：

$$\boldsymbol{X}_i = [x_{i1}, x_{i2}]^T = [k_{R_{sh}}, k_A]^T \tag{2.11}$$

参数的搜索范围和飞行速度范围设定为

$$R_{shmin} \leqslant x_{i1} \leqslant R_{shmax} \tag{2.12}$$

$$A_{min} \leqslant x_{i2} \leqslant A_{max} \tag{2.13}$$

$$-1 \leqslant v_{i1} \leqslant 1 \tag{2.14}$$

$$-0.01 \leqslant v_{i2} \leqslant 0.01 \tag{2.15}$$

其中，R_{shmin} 和 R_{shmax} 的确定，根据厂商提供的标准测试状况下的 4 个电气参数（V_{oc}、I_{sc}、V_m、I_m）和隐函数极值定理，由式（2.7）和式（2.8）求取。表 2.1 给出了单晶硅、多晶硅和硅基薄膜太阳电池 3 种材料共 6 个型号的产品 R_{sh} 的上、下界。

表 2.1　不同 PV 模型 R_{sh} 的上、下界

型号	R_{shmin}/Ω	R_{shmax}/Ω	类型
JAM5(L)-72/170	150	507	单晶硅
JAM-6-50-240	70	120	单晶硅
JAP6-60/240	70	248	多晶硅
STP225-20/Wd	45	62	多晶硅
MPT3.6-75	380	516	薄膜电池
MPT15-150	750	971	薄膜电池

根据二极管质量因子的取值范围 $1 \leqslant A \leqslant 2$，可确定 $A_{\min} = 1$ 和 $A_{\max} = 2$。

采用电流的平均绝对百分误差（$MAPE$）的倒数作为评价指标的适应度函数，计算公式如式（2.16）、式（2.17）所示，其中 I_{Ai} 为实验测量值，I_{Fi} 为模型预测值。

$$MAPE = \frac{1}{n} \sum_{i=1}^{n} \left| \frac{I_{Ai} - I_{Fi}}{I_{Ai}} \right| \times 100\% \tag{2.16}$$

$$f = \frac{1}{MAPE} \tag{2.17}$$

惯性因子取值策略如下：

$$w = w_{end} \cdot (w_{start} / w_{end})^{1/(1+10t/T)} \tag{2.18}$$

式中，w_{start} 为初始惯性因子；w_{end} 为最终惯性因子；t 为迭代次数，$t = 1, 2, \cdots, T$。采用 Sphere、Rosenbrock、Griewank 和 Rastrigrin 4 个标准函数测试，证明了采用式（2.18）惯性因子取值策略的 PSO 算法可在不影响收敛精度的情况下较大幅度地提高粒子群算法的收敛速度[114]。

模型参数求解的基本算法流程如下：

步骤 1　指定并联等效电阻 R_{sh} 和二极管质量因子 A 的取值范围；随机初始化 N 个粒子，包括粒子的位置、速度、个体最优位置及全局最优位置信息。

步骤 2　对于每个粒子，利用式（2.3）、式（2.4）、式（2.6）、式（2.8）四个方程，计算另外 3 个参数 I_{sat}、I_{ph}、R_s，求出模型的 I-V 方程。同时利用这些方程在实验测量点处计算出一组对应的电流预测值。

步骤 3　根据实验测量点处的电流预测值和实验测量值，由式（2.17）计算种群中每个粒子的适应度值。

步骤 4　对于每一个粒子，如果其适应度值好于该粒子当前的个体最优适应度 P_{ibest}，则将该位置设置为该粒子的个体最优位置，并且更新 P_{ibest}；如果所有粒子的个体最优适应度值中最好的好于当前的全局最优适应度值 P_{gbest}，则将全局最优位置设置为该粒子的位置，并且更新 P_{gbest} 值。

步骤 5　根据式（2.18）计算此次迭代的惯性因子的取值。

步骤 6　根据式（2.19）计算每维粒子的更新速度。

$$v_{id}(t+1) = wv_{id}(t) + c_1 r_1 [p_{id} - x_{id}(t)] + c_2 r_2 [p_{gd} - x_{id}(t)]$$
$$(i = 1, 2, \cdots, N; d = 1, 2) \tag{2.19}$$

其中，$d = 1$ 时代表参数 R_{sh} 的更新速度；$d = 2$ 时代表参数 A 的更新速度。

步骤 7　处理不合法的粒子更新速度。

$$\text{If } v_{id}(t+1) > v_{d\max}, \text{then } v_{id}(t+1) = v_{d\max}$$
$$\text{If } v_{id}(t+1) < v_{d\min}, \text{then } v_{id}(t+1) = v_{d\min} \tag{2.20}$$

步骤 8　根据式（2.21）计算每维粒子的更新位置。

$$x_{id}(t+1) = x_{id}(t) + v_{id}(t+1) \quad (i = 1, 2, \cdots, N; d = 1, 2) \tag{2.21}$$

步骤 9 处理不合法的粒子更新位置。

$$\text{If } x_{id}(t+1) > x_{d\max}, \text{then } x_{id}(t+1) = x_{d\max}$$

$$\text{If } x_{id}(t+1) < x_{d\min}, \text{then } x_{id}(t+1) = x_{d\min} \tag{2.22}$$

步骤 10 如果达到最大迭代次数,转至步骤 11,否则转至步骤 2。

步骤 11 程序结束,得到 R_{sh} 和 A 的最优值。同时记录下最优状况下的另外 3 个参数 I_{sat}、I_{ph}、R_s 的值。

2.2.3 辐照度和温度变化条件下阵列特性参数计算

太阳电池的 I-V 特性曲线与组件表面的辐照强度及组件温度有关。当各电路参数与辐照强度和温度的关系确定时就能计算一般工况下太阳电池的输出特性。

取标准状况下 $G=1\,\text{kW/m}^2$、$T=25\,^\circ\text{C}$ 为参考辐照强度和参考电池温度,取 α、I_{sat}、I_{sc} 和 I_{ph} 为标准状况下的参数值,并令 G_r、T_r、α_r、I_{satr} 和 I_{phr} 为一般工况下的参数值,则 α_r 与 T_r 相关并成线性关系,其计算公式为

$$\alpha_r = \frac{T_r \alpha}{T} \tag{2.23}$$

一般工况下二极管反向饱和电流 I_{satr} 的计算公式为

$$\frac{I_{satr}}{I_{sat}} = \left[\frac{T_r}{T}\right]^3 \exp\left[\frac{\varepsilon}{\alpha}\left(1 - \frac{T}{T_r}\right)\right] \tag{2.24}$$

其中,ε 为能带宽度,硅材料约为 $1.12\,\text{eV}$。

由于短路状态下 I_{ph} 近似等于 I_{sc},因此按照 I_{sc} 与辐照强度及温度的关系可以写出一般工况下光生电流 I_{phr} 的表达式:

$$I_{phr} = \frac{G_r}{G}\left[I_{ph} + \beta_{I_{sc}}(T_r - T)\right] \tag{2.25}$$

其中,$\beta_{I_{sc}}$ 为短路电流温度系数[115,116]。一般认为一般工况下等效并联电阻和等效串联电阻与标准测试状况下的电阻值相等,因此可根据式(2.23)~式(2.25)计算一般工况下的电路模型参数。

2.2.4 实验验证及误差分析

1. 标准状况下的特性验证

为验证我们提出的模型,选取 3 种不同类型与额定功率的硅太阳电池,包含单晶硅、多晶硅和硅基薄膜太阳电池 3 种材料,对其在标准测试状态下的模型精度进行验证。

按照上节所述方法,本节利用 MATLAB 软件编写计算程序。针对不同组件分别采用文献[33]提供的工程用数学模型以及本书采用的模型预测得到标准测试

状况下的 I-V 曲线。将预测值与实际测量值绘制成 I-V 特性曲线，在各测量点计算出电流绝对误差并拟合成误差曲线进行对比验证。图 2.5、图 2.6 和图 2.7 分别给出了单晶硅 JAM5(L)-72/170、多晶硅 STP225-20/Wd 和硅基薄膜电池 MPT15-150 的 I-V 曲线以及电流绝对误差对比曲线。表 2.2 给出了 R_{sh} 和 A 的计算结果以及电流平均绝对百分误差（MAPE）的对比。相较以往模型将 R_s 和 R_{sh} 的影响忽略，或将 A 值近似为某一确定值，本书模型在标准测试状况下的预测精度明显提高，3 种不同组件的电流平均绝对百分误差（MAPE）均小于 2%。

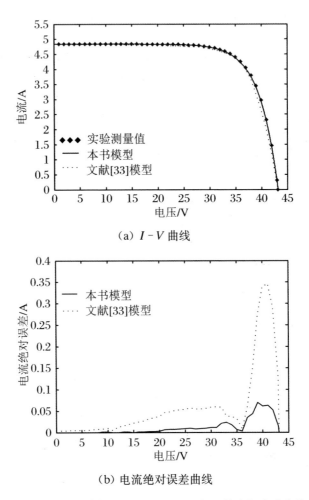

（a）I-V 曲线

（b）电流绝对误差曲线

图 2.5　标准测试状况下 JAM5(L)-72/170 仿真与实验曲线

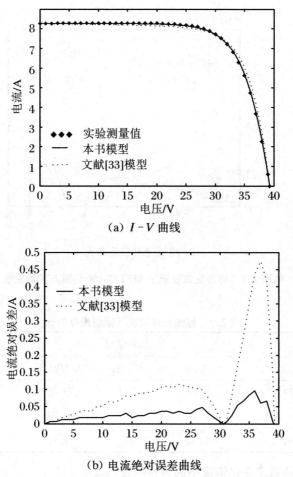

（a）I-V 曲线

（b）电流绝对误差曲线

图 2.6　标准测试状况下 STP225-20/Wd 仿真与实验曲线

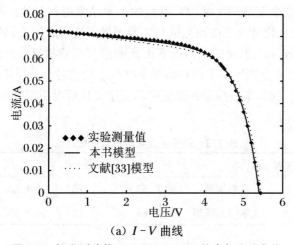

（a）I-V 曲线

图 2.7　标准测试状况下 MPT15-150 仿真与实验曲线

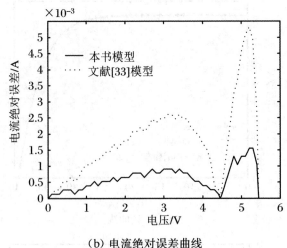

（b）电流绝对误差曲线

续图 2.7 标准测试状况下 MPT15-150 仿真与实验曲线

表 2.2 标准测试状况下模型误差对比

型 号	本书模型			文献[33]
	A	R_{sh}/Ω	MAPE/%	MAPE/%
JAM5(L)-72/170	1.70	502	0.49	2.89
STP225-20/Wd	1.34	59	0.52	2.61
MPT15-150	1.53	967	1.18	3.57

2. 辐照度和温度变化情况下的特性验证

为检验模型在辐照度和温度变化情况下的精度,选择多晶硅 STP225-20/Wd 进行实验,并将本书模型和文献[33]模型的预测结果进行对比。图 2.8 是在温度为 25 ℃、辐照度变化情况下由预测值与实验测量值绘制成的 I - V 曲线;图 2.9 是在辐照度为 1 kW/m² 、温度变化情况下由预测值与实验测量值绘制成的 I - V 曲线。表 2.3、表 2.4 分别给出了两种情况下电流平均绝对百分误差(MAPE)的对比结果。实验结果表明,本书模型在辐照度和温度变化情况下同样适用,且预测误差一般在 2%以内。

表 2.3 辐照度变化时模型误差对比

$G/\text{kW} \cdot \text{m}^{-2}$		1.0	0.8	0.6	0.4
MAPE/%	本书模型	0.52	0.73	1.26	1.94
	文献[33]模型	2.61	1.13	3.47	4.82

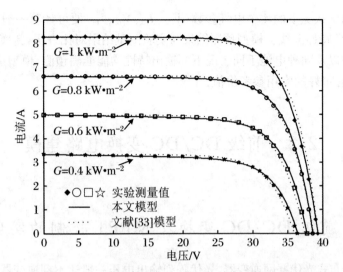

图 2.8　$T = 25\ ℃$, G 变化情况下 STP225-20/Wd 仿真与实验曲线

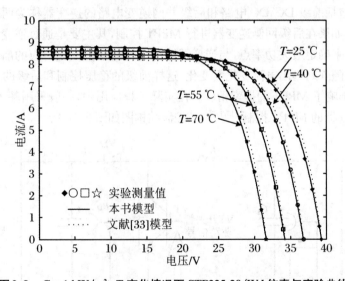

图 2.9　$G = 1\ \text{kW/m}^2$, T 变化情况下 STP225-20/Wd 仿真与实验曲线

表 2.4　温度变化时模型误差对比

$T/℃$		25	40	55	70
$MAPE/\%$	本书模型	0.52	0.69	1.05	1.62
	文献[33]模型	2.61	1.93	2.90	4.16

以上是针对目前较常用的硅太阳电池单二极管等效电路模型,利用粒子群优化算法,对 R_{sh} 和 A 不做近似的情况下给出的模型五参数的确定方法。该方法仅

使用标准测试状况下的 4 个电气参数(V_{oc}、I_{sc}、V_m、I_m)便可计算一般工况下太阳电池的 I-V 特性曲线。模型预测结果与实验测试结果对比表明,新模型对于不同硅太阳电池以及同种电池不同工况下的输出特性均能准确预测,模型适应性好、精确度高,具有很好的实用参考价值。

2.3　前级 DC/DC 变换电路建模

2.3.1　前级 DC/DC 变换及 MPPT 控制的实现

对于分布式光伏并网逆变器,光伏阵列输出电压一般达不到逆变器工作所需的电压等级,因此必须通过前级 Boost DC/DC 变换器升压后再输出给并网逆变部分电路,像这类包括前级 DC/DC 电路和后级并网逆变电路的逆变器称为两级式光伏并网逆变器。如果在后级网侧逆变器进行 MPPT 控制,其主要是通过逆变器输出电流的幅值调节来确定最大功率点,与逆变器输出电流的幅值变化对应的前级输入电压步长同时又随阵列输出电流变化而变化,这样前级的稳压控制和后级的 MPPT 控制存在耦合,影响了 MPPT 的搜索精度。在实际工程应用中,一般采用基于前级 Boost DC/DC 变换器的 MPPT 控制[115,116],其控制结构图如图 2.10 所示。

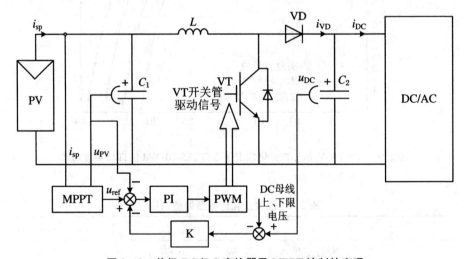

图 2.10　前级 DC/DC 变换器及 MPPT 控制的实现

图 2.10 中前级 Boost DC/DC 变换器实现 MPPT 控制,调节 Boost 变换器的开关占空比即可调节 Boost 变换器的输入电流,进而调节光伏阵列的输出电压;后级并网逆变部分实现直流母线的稳压控制。光伏阵列输出电流 i_{sp} 和电压 u_{PV} 通过

MPPT 控制算法调节光伏阵列工作点的电压指令值 u_{ref}，电压指令值 u_{ref} 与 u_{PV} 比较后经过 PI 调节器对 DC/DC 变换器的输入电压进行闭环控制，从而实现光伏阵列的 MPPT 控制。同时为了避免 DC/DC 变换器输出的功率不能及时传递到电网而在直流母线上形成堆积，采用图 2.10 中所示 DC 母线上、下限电压的截止负反馈控制防止直流母线出现过电压。前级 DC/DC 变换器 MPPT 控制方案具有前后级耦合小、控制精度高等优点[117]。

2.3.2　前级 DC/DC 变换器的小信号建模

定义 Boost DC/DC 变换器开关周期平均算子如下：

$$\overline{x}(t) = \frac{1}{T}\int_{t_0}^{t_0+T_s} x(t)\mathrm{d}t \tag{2.26}$$

式中，$x(t)$ 是 Boost DC/DC 变换器中的相关电量；T_s 为开关周期，对电压、电流等电量进行开关周期的平均运算，将保留原信号的低频部分。电感元件的伏安特性方程如下：

$$L\frac{\mathrm{d}i_L(t)}{\mathrm{d}t} = u_L(t) \tag{2.27}$$

在开关周期内积分可得

$$\int_{t_0}^{t_0+T_s}\mathrm{d}i_L(t) = \frac{1}{L}\int_{t_0}^{t_0+T_s} u_L(t)\mathrm{d}t \tag{2.28}$$

根据式（2.26）可得

$$i_L(t_0 + T_s) - i_L(t_0) = \frac{1}{L}T_s\overline{u}_L(t) \tag{2.29}$$

又因为

$$\frac{\mathrm{d}\overline{i}_L(t)}{\mathrm{d}t} = \frac{\mathrm{d}}{\mathrm{d}t}\left[\frac{1}{T_s}\int_{t_0}^{t_0+T_s} i_L(t)\mathrm{d}t\right] = \frac{1}{T_s}\frac{\mathrm{d}}{\mathrm{d}t}\left[\int_{t_0}^{0} i_L(t)\mathrm{d}t + \int_{0}^{t_0+T_s} i_L(t)\mathrm{d}t\right]$$

$$= \frac{i_L(t_0 + T_s) + i_L(t_0)}{T_s} \tag{2.30}$$

结合式（2.29）和式（2.30）可得

$$L\frac{\mathrm{d}\overline{i}_L(t)}{\mathrm{d}t} = \overline{u}_L(t) \tag{2.31}$$

即电感的电流、电压经过开关周期平均算子作用后仍然满足法拉利电磁感应定律，电感伏安特性方程中的电压和电流分别用各自的开关周期的平均值代替后方程仍然成立。

同理，电容的伏安特性方程中电压和电流分别用各自的开关周期的平均值代替后方程仍然成立：

$$C\frac{\mathrm{d}\overline{u}_C(t)}{\mathrm{d}t} = \overline{i}_C(t) \tag{2.32}$$

对 Boost DC/DC 变换器中的相关电量的开关周期平均值进行扰动变量分离可得

$$\begin{cases} \overline{u}_{PV}(t) = u_{PV}(t) + \Delta u_{PV}(t) \\ \overline{u}_{DC}(t) = u_{DC}(t) + \Delta u_{DC}(t) \\ \overline{i}_L(t) = i_L(t) + \Delta i_L(t) \\ d(t) = D + \Delta d(t) \end{cases} \tag{2.33}$$

且有

$$d'(t) = 1 - d(t) = 1 - (D + \Delta d(t)) = D' - \Delta d(t), \quad D' = 1 - D \tag{2.34}$$

同时,对前级 Boost DC/DC 变换器主电路应用基尔霍夫定律可得

$$\begin{cases} L \dfrac{d\overline{i}_L(t)}{dt} = \overline{u}_{PV}(t) - d'(t)\overline{u}_{DC}(t) \\ C \dfrac{d\overline{u}_{DC}(t)}{dt} = d'(t)\overline{i}_L(t) - \overline{u}_{DC}(t)/Z_{inverter} \end{cases} \tag{2.35}$$

将式(2.29)、式(2.30)代入式(2.35)可得

$$\begin{cases} L \dfrac{d[i_L(t) + \Delta i_L(t)]}{dt} \\ \quad = [u_{PV}(t) + \Delta u_{PV}(t)] - [D' - \Delta d(t)][u_{DC}(t) + \Delta u_{DC}(t)] \\ C \dfrac{d[u_{DC}(t) + \Delta u_{DC}(t)]}{dt} \\ \quad = [D' - \Delta d(t)][i_L(t) + \Delta i_L(t)] - [u_{DC}(t) + \Delta u_{DC}(t)]/Z_{inverter} \end{cases} \tag{2.36}$$

整理后得

$$\begin{cases} L \dfrac{di_L(t)}{dt} + L \dfrac{d\Delta i_L(t)}{dt} = [u_{PV}(t) + D'u_{DC}(t)] \\ \qquad\qquad + [\Delta u_{PV}(t) - D'\Delta u_{DC}(t) + u_{DC}(t)\Delta d(t) \\ \qquad\qquad + \Delta u_{DC}(t)\Delta d(t)] \\ C \dfrac{du_{DC}(t)}{dt} + C \dfrac{d\Delta u_{DC}(t)}{dt} = D'i_L(t) - [u_{DC}(t)/Z_{inverter}] \\ \qquad\qquad + [D'\Delta i_L(t) - \Delta u_{DC}(t)/Z_{inverter} \\ \qquad\qquad - i_L(t)\Delta d(t)] - \Delta d(t)\Delta i_L(t) \end{cases} \tag{2.37}$$

根据小信号扰动项相等并忽略二次项可得

$$\begin{cases} L \dfrac{d\Delta i_L(t)}{dt} = \Delta u_{PV}(t) - D'\Delta u_{DC}(t) + u_{DC}(t)\Delta d(t) \\ C \dfrac{d\Delta u_{DC}(t)}{dt} = D'\Delta i_L(t) - \Delta u_{DC}(t)/Z_{inverter} - i_L(t)\Delta d(t) \end{cases} \tag{2.38}$$

根据式(2.38),可得 Boost 转换器输出 $\Delta U_{DC}(S)$ 对输入 $\Delta U_{PV}(S)$ 的传递函数 $G_{P_1}(S)$ 如下:

$$G_{P_1}(S) = \frac{\Delta U_{DC}(S)}{\Delta U_{PV}(S)} = \frac{1}{D'} \frac{1}{1 + S\dfrac{L}{D'^2 R} + S^2 \dfrac{LC}{D'^2}} \tag{2.39}$$

由式(2.39)可知,主电路的输入输出传递函数有两个极点,因此会存在一个谐振极点。

输出 $\Delta U_{DC}(S)$ 对控制变量 $\Delta d(S)$ 的传递函数 $G_{P_2}(S)$ 如下($\Delta U_{PV}(S) = 0$):

$$G_{P_2}(S) = \frac{\Delta U_{DC}(S)}{\Delta d(S)} = \frac{U_{PV}(S)}{D'^2} \frac{1 - \dfrac{SL}{D'^2 R}}{1 + S\dfrac{L}{D'^2 R} + S^2 \dfrac{LC}{D'^2}} \tag{2.40}$$

由式(2.40)可知,Boost 转换器控制输出传递函数也有两个极点,同样会存在一个谐振极点,同时还有一个右半平面的零点,往往会引起带宽的振荡。

加入系统的控制环节,可得系统的小信号控制框图如图 2.11 所示。

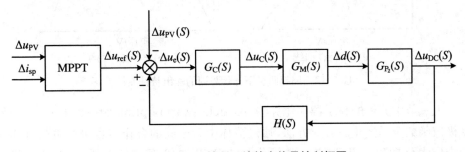

图 2.11　MPPT 控制系统的小信号控制框图

在图 2.11 中,$G_C(S)$ 为 PI 控制器的传递函数,$G_M(S)$ 为 PWM 环节的传递函数,$H(S)$ 为采样环节的传递函数[118,119]。

2.3.3　MPPT 优化控制

实现全局最大功率点跟踪(maximum power point tracking,MPPT)是提高光伏发电系统总体效率的基本措施之一。在理想情况下,光伏阵列中光伏电池都工作在相同温度和辐照度条件下,此时光伏阵列的输出 P-V 曲线表现出单峰值特性,采用定电压跟踪法、短路电流比例系数法、扰动观测法、电导增量法等传统 MPPT 方法即可实现阵列的最大功率点跟踪。但在分布式光伏实际工程中,会因为老化、局部遮挡和积尘覆盖等原因,导致光伏电池的输出特性不一致,此时光伏阵列的 P-V 曲线将表现出多峰值特性,传统的单峰值 MPPT 方法将可能陷入局部峰值点,导致光伏系统出现输出功率损失,降低系统的总体发电效率。

光伏阵列在局部阴影条件下,其中的串联组件会造成电压多峰值,并联组件会产生电流多峰值,各部分组件会出现不同的最大功率点,阵列整体的 P-V 特性会出现多峰的特性。若光伏阵列由 $n×m$ 块组件构成,其中 n 为串联组件数,m 为并联组件数,假设阵列每条串联支路阴影情况均不相同,此时阵列最多会出现 m 个功率峰值点。以 $1×3$ 块组件构成的光伏阵列为例,在局部遮阴情况下其输出特性曲线如图 2.12 所示,其中图 2.12(a)为阵列的 I-V 特性曲线,呈阶梯状;图 2.12(b)为阵列的 P-V 特性曲线,有 3 峰值。对于这样的具有多个局部功率峰值的特性曲线,MPPT 算法不能再简单地寻找曲线的唯一极值作为最大功率点,常规的单峰最大功率点跟踪算法将不再适用。

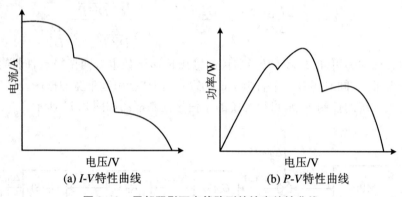

(a) I-V特性曲线　　　　　　　　(b) P-V特性曲线

图 2.12　局部阴影下光伏阵列的输出特性曲线

上一节中分析的粒子群优化算法(particle swarm optimization,PSO)是一种多极值函数全局优化的有效方法,通过群体中粒子间的合作与竞争产生的群体智能指导优化搜索。基于粒子群优化的 MPPT 迭代算法可以用式(2.41)和式(2.42)表示:

$$\begin{cases} \Delta u_i(t+1) = w\Delta u_i(t) + c_1 r_1[\Delta u_{i\max} - u_i(t)] + c_2 r_2[\Delta u_{G\max} - u_i(t)] \\ u_i(t+1) = u_i(t) + \Delta u_i(t+1) \quad (i = 1,2,\cdots,m) \end{cases}$$

$$(2.41)$$

$$\begin{cases} U_{i\max} = u_i(t), \quad f[u_i(t)] > f[U_{i\max}] \\ U_{G\max} = u_i(t), \quad f[u_i(t)] > f[U_{G\max}] \end{cases}$$

$$(2.42)$$

其中,c_1、c_2 为正常数,称为加速因子,通常取 $[0,2]$ 区间的数;r_1、r_2 为 $[0,1]$ 区间的随机数;w 为惯性因子,一般取 $[0.1,0.9]$ 区间的数;$u_i(t)$、$\Delta u_i(t+1)$ 分别为第 i 个工作点的电压和变化步长;$U_{i\max}$ 为第 i 个工作点经历的最大功率点电压;$U_{G\max}$ 为全局最大功率点电压;$f[x]$ 为适应度函数。

对于由 $n×m$ 块组件构成的光伏阵列,若将粒子的初始位置分散定位在 m 个功率峰值点,即可保证对可能峰值点的全部搜索,最终获得全局最大功率点。用粒子的位置代表阵列电压值,第 1 个粒子初始位置选为 $0.8U_{OC\_comp}$,第 $m-1$ 个粒子初始位置依次选为 $0.8(m-1)U_{OC\_comp}$,第 m 个粒子初始位置选为 $0.8U_{OC\_array}$,其中，U_{OC_comp} 为组件开路电压，U_{OC_array} 为阵列开路电压。在粒子群算法迭代过程中，必须建立一个用于评价指标的适应度函数，用以评价粒子的优劣，并作为个体最优粒子和全局最优粒子更新的依据。本书以每个粒子对应的功率总和函数作为适应度函数，以 m 个模块的系统为例，适应度函数的表达式为

$$f = I \times [u(i_1, T_1, G_1) + u(i_2, T_2, G_2) + \cdots + u(i_m, T_m, G_m)] \quad (2.43)$$

式中，$u(i, T, G)$ 为阵列模块输出的 I-V 特性。

当阴影情况或辐照强度发生改变时，光伏阵列输出的最大功率也随之变化，此时需要重新启动粒子群算法，使系统稳定工作在新的最大功率点。本书将根据最大功率变化量 ΔP 的变化情况来确定系统是否重启，ΔP 表示为

$$\Delta P = \frac{|P_{tm} - P_{(t-1)m}|}{P_{(t-1)m}} \quad (2.44)$$

式中，P_{tm} 为当前时刻阵列输出最大功率，$P_{(t-1)m}$ 为上一时刻阵列输出最大功率。同时为提高系统最大功率点跟踪效率，根据 ΔP 的大小，确定算法重启后各个粒子的分布。如果 ΔP 较小，表明最大功率点偏移量小，重启后粒子分布可以相对集中于原来功率点附近，这样可以提高追踪新功率点的速度。如果 ΔP 较大，表明最大功率点偏移量大，重启后扩大粒子分布的分散性，这样可以提高追踪新功率点的准确性。经过分析，以 ΔP 大于 0.015 为系统重启的基本条件，当 $0.015 \leqslant \Delta P \leqslant 0.05$ 时，按粒子间距 1% U_{OC_array} 在上一时刻最大功率点附近重新分布粒子；当 $0.05 \leqslant \Delta P \leqslant 0.1$ 时，按粒子间距 5% U_{OC_array} 在上一时刻最大功率点附近重新分布粒子；当 $0.1 \leqslant \Delta P$ 时，按初始值重新分布粒子[120-123]。

基于粒子群优化的 MPPT 算法流程如下：

步骤 1　初始化各参数，种群大小由组件并联数目决定，粒子电压搜索范围设置为 $(0, U_{OC\_array})$，c_1、c_2、w 根据参数取值策略确定。

步骤 2　由式(2.43)计算种群中每个粒子的适应度值。

步骤 3　对于每一个粒子，如果其适应度值好于该粒子当前的个体最优适应度 U_{imax}，则将该位置设置为该粒子的个体最优位置，并且更新 U_{imax}；如果所有粒子的个体最优适应度值中最好的好于当前的全局最优适应度值 U_{Gmax}，则将全局最优位置设置为该粒子的位置，并且更新 U_{Gmax} 值。

步骤 4　根据式(2.45)计算每维粒子的更新速度。

$$\Delta u_i(t+1) = w\Delta u_i(t) + c_1 r_1 [\Delta u_{imax} - u_i(t)]$$
$$+ c_2 r_2 [\Delta u_{Gmax} - u_i(t)] \quad (i = 1, 2, \cdots, m+1) \quad (2.45)$$

步骤 5　处理不合法的粒子更新速度。

$$\text{If } \Delta u_i(t+1) > \Delta u_{max}, \text{then } \Delta u_i(t+1) = \Delta u_{max}$$
$$\text{If } \Delta u_i(t+1) < \Delta u_{min}, \text{then } \Delta u_i(t+1) = \Delta u_{min} \quad (2.46)$$

步骤 6　根据式(2.47)计算每维粒子的更新位置。

$$u_i(t+1) = u_i(t) + \Delta u_i(t+1) \quad (i = 1, 2, \cdots, m+1) \quad (2.47)$$

步骤7 处理不合法的粒子更新位置。

$$If\ u_i(t+1) > u_{max}, then\ u_i(t+1) = u_{max}$$

$$If\ u_i(t+1) < u_{min}, then\ u_i(t+1) = u_{min}$$

(2.48)

步骤8 如果达到最大迭代次数,转至步骤9,否则转至步骤2。

步骤9 程序结束,得到最大功率点处的电压值。

2.4 后级 DC/AC 及 LCL 滤波电路建模

2.4.1 DC/AC 电路建模分析

逆变部分主电路通常采用三相半桥逆变拓扑,如图 2.13 所示。从图中可以看出,三相半桥电路的每一相都是独立的,相互之间不存在耦合关系,于是可以将该电路看成是由三个输出电压相位相差 120°的单相半桥电路组合在一起构成的。在 SPWM 调制过程中,用参考正弦波 $V_m \sin(\omega t)$ 和三角载波比较得到的脉冲去控制逆变桥的各个功率开关器件,如图 2.14 所示。

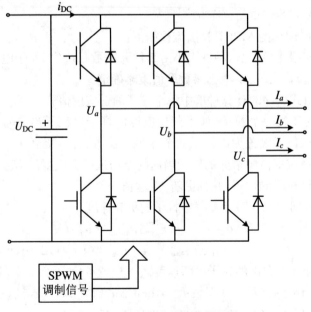

图 2.13 三相桥式逆变电路拓扑

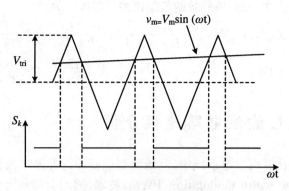

图 2.14　SPWM 调制原理图

双极性 SPWM 调制时，$u_i(i=a,b,c)$ 可以表示为

$$u_i = u_{DC}(2S_k - 1) \tag{2.49}$$

式中，S_k 为开关函数：

$$S_k = \begin{cases} 1, & \text{上桥臂导通，下桥臂关断} \\ 0, & \text{上桥臂关断，下桥臂导通} \end{cases} \quad (k=a,b,c) \tag{2.50}$$

对式（2.41）求开关周期平均得到下式：

$$\overline{u_i} = u_{DC}(2\overline{S_k} - 1) \tag{2.51}$$

式中，$\overline{u_i}$ 表示 u_i 的开关周期平均值，$\overline{S_k}$ 表示 S_k 的开关周期平均值，且有

$$\overline{S_k} = D(t) \tag{2.52}$$

式中，$D(t)$ 为占空比，根据 SPWM 调制原理图可得

$$D(t) = \frac{V_{tri} + v_m}{2V_{tri}} \tag{2.53}$$

将式（2.44）和式（2.45）代入式（2.43）可得

$$\frac{\overline{u_i}}{v_m} = \frac{u_{DC}}{V_{tri}} \tag{2.54}$$

因此，从调制器输入至逆变器输出部分的数学模型可以表示为[78]

$$K_{SPWM} = \frac{U_i(S)}{V_m(S)} = \frac{u_{DC}}{V_{tri}} \quad (i=a,b,c) \tag{2.55}$$

从式（2.55）可以看出，在 SPWM 中，载波频率远大于逆变器输出基波频率时，逆变桥部分可以看成一个比例环节，比例系数即为 K_{SPWM}，根据实际工程中逆变器的工作状态及参数设置，K_{SPWM} 可以近似为 1。

实际逆变器控制中，该过程还包含延迟环节，包括数字控制延迟和 SPWM 延迟。数字控制延迟为一个采样周期的纯延迟环节，为了便于分析，采用二阶 pade 变换进行近似。SPWM 延迟主要由 SPWM 作用过程造成，可以等效为一个一阶惯性环节。延迟环节传递函数如下：

$$Delay(s) = e^{-T\times s}\frac{1}{0.5T\times s+1} \approx \frac{s^2 - 6/T + 12/T^2}{s^2 + 6/T + 12/T^2}\frac{1}{0.5T\times s+1}$$

$$\tag{2.56}$$

　　将两部分综合在一起,该部分的数学模型可以统一为

$$K_{\text{SPWMDelay}}(s) = K_{\text{SPWM}} \cdot \mathrm{e}^{-T \times s} \frac{1}{0.5T \times s + 1} \approx \frac{s^2 - 6/T + 12/T^2}{s^2 + 6/T + 12/T^2} \frac{1}{0.5T \times s + 1}$$

$$= \mathrm{e}^{-T \times s} \frac{1}{0.5T \times s + 1} \approx \frac{s^2 - 6/T + 12/T^2}{s^2 + 6/T + 12/T^2} \frac{1}{0.5T \times s + 1} \tag{2.57}$$

2.4.2　LCL 滤波电路建模分析

　　在分布式光伏并网发电系统中,电压源型逆变器的并网电流控制通常采用高频脉宽调制(pulse width modulation,PWM)技术,因而会导致大量的开关频率次谐波电流污染电网,影响电网公共连接点(point of common coupling,PCC)的并网电流质量。为使并网电能质量满足相关谐波标准,通常逆变器输出接口采用 L、LC 或 LCL 滤波器。与 L 和 LC 滤波器相比,LCL 滤波器具有很好的高频衰减能力,达到相同的滤波效果所需的总电感量显著减小,这样有利于减小系统的体积、降低系统成本。单相 LCL 滤波器拓扑结构如图 2.15 所示。

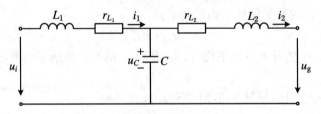

图 2.15　LCL 滤波器拓扑结构图

　　根据图 2.12,运用基尔霍夫定律可得

$$\begin{cases} L_1 \dfrac{\mathrm{d}i_1}{\mathrm{d}t} = u_i - u_C - r_{L_1 i_1} \\[2mm] C \dfrac{\mathrm{d}u_C}{\mathrm{d}t} = i_1 - i_2 \\[2mm] L_2 \dfrac{\mathrm{d}i_2}{\mathrm{d}t} = u_C - u_g - r_{L_2 i_2} \end{cases} \tag{2.58}$$

写成状态方程的形式如下:

$$\begin{bmatrix} \dot{i}_1 \\ \dot{u}_C \\ \dot{i}_2 \end{bmatrix} = \begin{bmatrix} -\dfrac{r_{L_1}}{L_1} & -\dfrac{1}{L_1} & 0 \\[2mm] \dfrac{1}{C} & 0 & -\dfrac{1}{C} \\[2mm] 0 & \dfrac{1}{L_2} & -\dfrac{r_{L_2}}{L_2} \end{bmatrix} \begin{bmatrix} i_1 \\ u_C \\ i_2 \end{bmatrix} + \begin{bmatrix} \dfrac{1}{L_1} & 0 \\[2mm] 0 & 0 \\[2mm] 0 & -\dfrac{1}{L_2} \end{bmatrix} \begin{bmatrix} u_i \\ u_g \end{bmatrix} \tag{2.59}$$

根据式(2.50)和式(2.51)可得单相 LCL 滤波器数学模型框图,如图 2.16 所示。

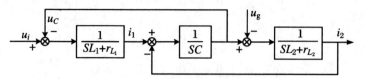

图 2.16 LCL 滤波器数学模型框图

根据单相 LCL 滤波器数学模型,在 *abc* 坐标下三相 LCL 滤波器数学模型可以表示如下:

$$
\begin{bmatrix} \dot{i}_{1a} \\ \dot{i}_{1b} \\ \dot{i}_{1c} \\ \dot{u}_{Ca} \\ \dot{u}_{Cb} \\ \dot{u}_{Cc} \\ \dot{i}_{2a} \\ \dot{i}_{2b} \\ \dot{i}_{2c} \end{bmatrix}
=
\begin{bmatrix}
-\dfrac{r_{L_1}}{L_1} & 0 & 0 & -\dfrac{1}{L_1} & 0 & 0 & 0 & 0 & 0 \\
0 & -\dfrac{r_{L_1}}{L_1} & 0 & 0 & -\dfrac{1}{L_1} & 0 & 0 & 0 & 0 \\
0 & 0 & -\dfrac{r_{L_1}}{L_1} & 0 & 0 & -\dfrac{1}{L_1} & 0 & 0 & 0 \\
\dfrac{1}{C} & 0 & 0 & 0 & 0 & 0 & -\dfrac{1}{C} & 0 & 0 \\
0 & \dfrac{1}{C} & 0 & 0 & 0 & 0 & 0 & -\dfrac{1}{C} & 0 \\
0 & 0 & \dfrac{1}{C} & 0 & 0 & 0 & 0 & 0 & -\dfrac{1}{C} \\
0 & 0 & 0 & \dfrac{1}{L_2} & 0 & 0 & -\dfrac{r_{L_2}}{L_2} & 0 & 0 \\
0 & 0 & 0 & 0 & \dfrac{1}{L_2} & 0 & 0 & -\dfrac{r_{L_2}}{L_2} & 0 \\
0 & 0 & 0 & 0 & 0 & \dfrac{1}{L_2} & 0 & 0 & -\dfrac{r_{L_2}}{L_2}
\end{bmatrix}
\begin{bmatrix} i_{1a} \\ i_{1b} \\ i_{1c} \\ u_{Ca} \\ u_{Cb} \\ u_{Cc} \\ i_{2a} \\ i_{2b} \\ i_{2c} \end{bmatrix}
$$

$$
+\begin{bmatrix}
\dfrac{1}{L_1} & 0 & 0 & 0 & 0 & 0 \\
0 & \dfrac{1}{L_1} & 0 & 0 & 0 & 0 \\
0 & 0 & \dfrac{1}{L_1} & 0 & 0 & 0 \\
0 & 0 & 0 & 0 & 0 & 0 \\
0 & 0 & 0 & 0 & 0 & 0 \\
0 & 0 & -\dfrac{1}{L_2} & 0 & 0 & 0 \\
0 & 0 & 0 & 0 & -\dfrac{1}{L_2} & 0 \\
0 & 0 & 0 & 0 & 0 & -\dfrac{1}{L_2}
\end{bmatrix}
\begin{bmatrix}
u_a \\ u_b \\ u_c \\ u_{ga} \\ u_{gb} \\ u_{gc}
\end{bmatrix}
\tag{2.60}
$$

将三相电量表示成三维欧氏空间中的矢量,例如三相电压和三相电流可以表示成如下矢量形式:

$$
u(t) = \begin{bmatrix} u_a(t) \\ u_b(t) \\ u_c(t) \end{bmatrix}, \quad
i(t) = \begin{bmatrix} i_a(t) \\ i_b(t) \\ i_c(t) \end{bmatrix}
\tag{2.61}
$$

电压和电流矢量各自欧氏空间中的一组基如式(2.54)所示。

$$
u_a(t) = \begin{bmatrix} 1 \\ 0 \\ 0 \end{bmatrix}, \quad
u_b(t) = \begin{bmatrix} 0 \\ 1 \\ 0 \end{bmatrix}, \quad
u_c(t) = \begin{bmatrix} 0 \\ 0 \\ 1 \end{bmatrix};
$$

$$
i_a(t) = \begin{bmatrix} 1 \\ 0 \\ 0 \end{bmatrix}, \quad
i_b(t) = \begin{bmatrix} 0 \\ 1 \\ 0 \end{bmatrix}, \quad
i_c(t) = \begin{bmatrix} 0 \\ 0 \\ 1 \end{bmatrix}
\tag{2.62}
$$

同时在三维欧氏空间定义一个垂直于矢量$[1 \quad 1 \quad 1]^{\mathrm{T}}$的子空间平面$\chi$,基于子空间平面$\chi$定义$\alpha\beta\gamma$坐标系,其中,$\alpha$轴为$a$轴在平面$\chi$上的投影,$\gamma$轴与矢量$[1 \quad 1 \quad 1]^{\mathrm{T}}$方向一致,而$\beta$轴根据右手定则确定。$\alpha\beta\gamma$坐标系的构造如图2.17所示。

那么,从abc坐标系至$\alpha\beta\gamma$坐标系的变换矩阵如下:

$$
T_{abc/\alpha\beta\gamma} = \sqrt{\dfrac{2}{3}}
\begin{bmatrix}
1 & -\dfrac{1}{2} & -\dfrac{1}{2} \\
0 & \dfrac{\sqrt{3}}{2} & -\dfrac{\sqrt{3}}{2} \\
\dfrac{1}{\sqrt{2}} & \dfrac{1}{\sqrt{2}} & \dfrac{1}{\sqrt{2}}
\end{bmatrix}
\tag{2.63}
$$

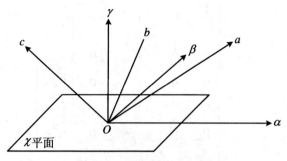

图 2.17　$\alpha\beta\gamma$ 坐标系构造图

如果 abc 坐标系中的三相电量之和为零,则可以简化为 $\alpha\beta$ 两维坐标系下的两维矢量来表示,即

$$
T_{abc/\alpha\beta} = \sqrt{\frac{2}{3}}
\begin{bmatrix}
1 & -\dfrac{1}{2} & -\dfrac{1}{2} \\[2mm]
0 & \dfrac{\sqrt{3}}{2} & -\dfrac{\sqrt{3}}{2}
\end{bmatrix}
\tag{2.64}
$$

于是对式(2.52)进行 $abc/\alpha\beta$ 变换,可以得到三相 LCL 滤波器在 $\alpha\beta$ 坐标系下的数学模型如下:

$$
\begin{bmatrix}
\dot{i}_{1\alpha} \\
\dot{i}_{1\beta} \\
\dot{u}_{C\alpha} \\
\dot{u}_{C\beta} \\
\dot{i}_{2\alpha} \\
\dot{i}_{2\beta}
\end{bmatrix}
=
\begin{bmatrix}
-\dfrac{r_{L_1}}{L_1} & 0 & -\dfrac{1}{L_1} & 0 & 0 & 0 \\[2mm]
0 & -\dfrac{r_{L_1}}{L_1} & 0 & -\dfrac{1}{L_1} & 0 & 0 \\[2mm]
\dfrac{1}{C} & 0 & 0 & 0 & -\dfrac{1}{C} & 0 \\[2mm]
0 & \dfrac{1}{C} & 0 & 0 & 0 & -\dfrac{1}{C} \\[2mm]
0 & 0 & \dfrac{1}{L_2} & 0 & -\dfrac{r_{L_2}}{L_2} & 0 \\[2mm]
0 & 0 & 0 & \dfrac{1}{L_2} & 0 & -\dfrac{r_{L_2}}{L_2}
\end{bmatrix}
\begin{bmatrix}
i_\alpha \\
i_\beta \\
u_{C\alpha} \\
u_{C\beta} \\
i_{2\alpha} \\
i_{2\beta}
\end{bmatrix}
$$

$$+\begin{bmatrix} \dfrac{1}{L_1} & 0 & 0 & 0 \\ 0 & \dfrac{1}{L_1} & 0 & 0 \\ 0 & 0 & 0 & 0 \\ 0 & 0 & 0 & 0 \\ 0 & 0 & -\dfrac{1}{L_2} & 0 \\ 0 & 0 & 0 & -\dfrac{1}{L_2} \end{bmatrix}\begin{bmatrix} u_\alpha \\ u_\beta \\ u_{g\alpha} \\ u_{g\beta} \end{bmatrix} \tag{2.65}$$

控制框图如图 2.18 所示。

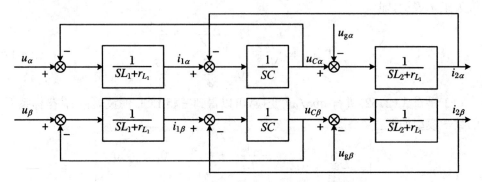

图 2.18　$\alpha\beta$ 静止坐标系下 LCL 滤波器数学模型框图

$\alpha\beta$ 平面上的旋转矢量 $[v_\alpha \quad v_\beta]^{\mathrm{T}}$ 在 dq 坐标系下为常矢量,如图 2.19 所示。

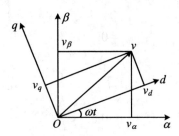

图 2.19　静止 $\alpha\beta$ 坐标系与 dq 旋转坐标系关系图

根据图 2.16 可得

$$T_{\alpha\beta/dq} = \begin{bmatrix} \cos\omega t & \sin\omega t \\ -\sin\omega t & \cos\omega t \end{bmatrix} \tag{2.66}$$

$$T_{abc/dq} = T_{\alpha\beta/dq} \cdot T_{abc/\alpha\beta} = \begin{bmatrix} \cos\omega t & \sin\omega t \\ -\sin\omega t & \cos\omega t \end{bmatrix} \cdot \sqrt{\dfrac{2}{3}}\begin{bmatrix} 1 & -\dfrac{1}{2} & -\dfrac{1}{2} \\ 0 & \dfrac{\sqrt{3}}{2} & -\dfrac{\sqrt{3}}{2} \end{bmatrix}$$

$$
= \sqrt{\frac{2}{3}} \begin{bmatrix} \cos \omega t & \cos \left(\omega t - \frac{2}{3}\pi \right) & \cos \left(\omega t + \frac{2}{3}\pi \right) \\ - \sin \omega t & - \sin \left(\omega t - \frac{2}{3}\pi \right) & - \sin \left(\omega t + \frac{2}{3}\pi \right) \end{bmatrix} \tag{2.67}
$$

于是对式(2.52)进行 abc/dq 变换,可以得到三相 LCL 滤波器在 dq 旋转坐标系下的数学模型如下[124]:

$$
\begin{bmatrix} \dot{i}_{1d} \\ \dot{i}_{1q} \\ \dot{u}_{Cd} \\ \dot{u}_{Cq} \\ \dot{i}_{2d} \\ \dot{i}_{2q} \end{bmatrix} = \begin{bmatrix} -\dfrac{r_{L_1}}{L_1} & \omega & -\dfrac{1}{L_1} & 0 & 0 & 0 \\ -\omega & -\dfrac{r_{L_1}}{L_1} & 0 & -\dfrac{1}{L_1} & 0 & 0 \\ \dfrac{1}{C} & 0 & 0 & \omega & -\dfrac{1}{C} & 0 \\ 0 & \dfrac{1}{C} & -\omega & 0 & 0 & -\dfrac{1}{C} \\ 0 & 0 & \dfrac{1}{L_2} & 0 & -\dfrac{r_{L_2}}{L_2} & \omega \\ 0 & 0 & 0 & \dfrac{1}{L_2} & -\omega & -\dfrac{r_{L_2}}{L_2} \end{bmatrix} \begin{bmatrix} i_{1d} \\ i_{1q} \\ u_{Cd} \\ u_{Cq} \\ i_{2d} \\ i_{2q} \end{bmatrix}
$$

$$
+ \begin{bmatrix} \dfrac{1}{L_1} & 0 & 0 & 0 \\ 0 & \dfrac{1}{L_1} & 0 & 0 \\ 0 & 0 & 0 & 0 \\ 0 & 0 & 0 & 0 \\ 0 & 0 & -\dfrac{1}{L_2} & 0 \\ 0 & 0 & 0 & -\dfrac{1}{L_2} \end{bmatrix} \begin{bmatrix} u_d \\ u_q \\ u_{gd} \\ u_{gq} \end{bmatrix} \tag{2.68}
$$

用控制框图可以表示为图 2.20。

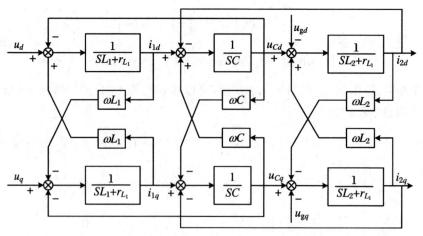

图 2.20　*dq* 旋转坐标系下 LCL 滤波器数学模型框图

2.5　逆变器并网控制策略及其等效电路模型

2.5.1　并网控制策略对比分析

光伏并网发电系统与电力系统中的电网连接,作为电力系统的一部分,可以为电力系统提供有功和无功电能,供给附近的负载使用或者进行电力调峰。光伏并网逆变器将光伏阵列产生的直流电转化成符合电网要求的交流电并输送给电网,是光伏并网系统能量转换和控制的核心,其性能的高低直接决定了整个系统是否能够安全、稳定、可靠和高效地运行。光伏并网逆变器的控制策略是光伏发电系统并网控制的关键,不同的系统拓扑结构,控制策略也不相同。典型的并网控制策略是通过对逆变器输出电流矢量的控制实现对并网及网侧有功和无功的控制。根据滤波器拓扑结构的不同主要有以下 2 种控制策略。

1. 基于 L 型滤波器的光伏并网逆变器控制策略

基于 L 型滤波器的光伏并网逆变器交流输出侧电压电流矢量关系如图 2.21 所示,E 为电网电压矢量,U_L 为滤波电感上的电压矢量,U_i 为逆变器交流输出侧电压矢量,I 为逆变器交流输出侧电流矢量。由图 2.21 可知,$U_i = U_L + E$,$U_L = j\omega LI$,通过控制并网逆变器交流侧电压矢量的幅值和相位即可控制滤波电感电压矢量的幅值和相位,进而就控制了逆变器输出电流矢量的幅值和相位,实现对并网逆变器输出有功功率和无功功率的控制。

根据并网逆变器工作的基本原理,目前其控制策略主要可以概括为如下 4

类：① 基于电压定向的矢量控制；② 基于电压定向的直接功率控制；③ 基于虚拟磁链定向的矢量控制；④ 基于虚拟磁链定向的直接功率控制。其中，基于电压定向的矢量控制和基于虚拟磁链定向的矢量控制都是基于电流闭环的控制策略，基于电压定向的直接功率控制和基于虚拟磁链定向的直接功率控制均是基于功率闭环的控制策略。

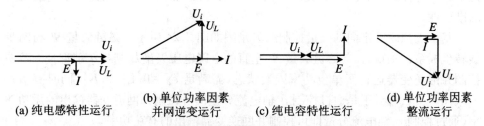

(a) 纯电感特性运行　　(b) 单位功率因素　　(c) 纯电容特性运行　　(d) 单位功率因素
　　　　　　　　　　　　并网逆变运行　　　　　　　　　　　　　　整流运行

图 2.21　并网逆变器交流输出侧电压电流矢量关系图

基于电网电压定向的并网逆变器控制结构如图 2.22 所示，控制系统由直流电压外环和有功、无功电流内环构成。直流电压外环引入了直流电压反馈，并通过一个 PI 调节器实现了对直流电压的无静差控制，该 PI 调节器的输出即为有功电流内环的电流参考值 i_d^*，实现对并网逆变器输出有功功率的调节。无功电流内环的参考值 i_q^* 根据向电网输送的无功功率的需要确定，当 $i_q^* = 0$ 时，逆变器仅向电网输送有功功率。并网逆变器输出电流检测值 i_a、i_b、i_c 经过 $abc/\alpha\beta/dq$ 的坐标变换转换为同步旋转 dq 坐标系下的直流分量 i_d、i_q，将其与电流内环的电流参考值 i_d^*、i_q^* 进行比较，并通过相应的 PI 调节器控制分别实现对 i_d、i_q 的无静差控制。电流内环 PI 调节器的输出信号经过 $dq/\alpha\beta$ 逆变换后，即可通过空间矢量脉宽调制得到并网逆变器相应的开关驱动信号，从而实现逆变器的并网控制。

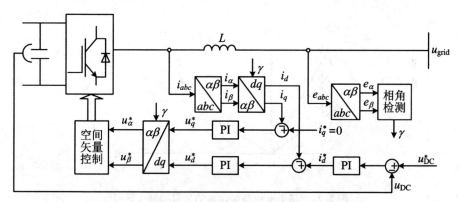

图 2.22　基于电网电压定向的并网逆变器控制结构图

由于电网背景谐波干扰的存在，电网电压基波矢量相角检测的准确性很难保证，从而影响基于电网电压定向的矢量控制方案中矢量定向的准确性，系统的控制品质很难保证，甚至系统会发生振荡导致不稳定。为克服电网电压谐波的影响，抑制电网电压对矢量定向及控制性能的削弱作用,基于虚拟磁链定向的矢量控制方案被提出。如图 2.23 所示,该方案将并网逆变器的交流侧等效成一个虚拟的交流电动机,滤波电感及其电阻分别看作交流电机的定子漏感和定子电阻,三相电网电压矢量 $\boldsymbol{E}$ 经过积分后所得的矢量 $\boldsymbol{\Psi} = \int \boldsymbol{E} \mathrm{d}t$ 看作交流电机的气隙磁链。积分具有低通滤波特性,可以有效地克服电网电压谐波对磁链的影响,从而保证了矢量定向的准确性。

　　基于虚拟磁链定向的矢量控制的矢量图如图 2.24 所示。磁链矢量 $\boldsymbol{\Psi}$ 与同步旋转坐标系 d 轴重合,与磁链矢量 $\boldsymbol{\Psi}$ 垂直的电网电压矢量 $\boldsymbol{E}$ 则与 q 轴重合。若要控制并网逆变器运行于单位功率因素状态,需满足 $e_d = 0, e_q = |E|$,同时有 $p = e_q i_q, q = -e_q i_d$。于是通过控制 d 轴电流分量即可控制并网逆变器输出的无功功率,通过控制 q 轴电流分量即可控制并网逆变器输出的有功功率。

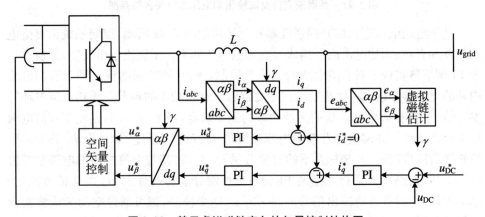

图 2.23　基于虚拟磁链定向的矢量控制结构图

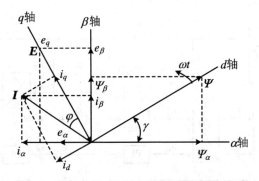

图 2.24　基于虚拟磁链定向的矢量控制矢量图

　　以上两种控制策略中,并网逆变器的有功、无功功率实际上是通过 dq 坐标系中的相关电流的闭环控制来间接实现的,为了取得功率的快速响应,可以采用直接功率控制。与基于电流闭环的矢量控制不同,直接功率控制无需将功率变量换算成相应的电流变量来进行控制,而是将并网逆变器输出的瞬时有功功率和瞬时无功功率作为被控变量进行功率的直接闭环控制。直接功率控制包括基于电压定向的直接功率控制和基于虚拟磁链定向的直接功率控制。

　　基于电压定向的直接功率控制如图 2.25 所示。电网电压矢量和瞬时功率估算单元根据并网逆变器的开关函数 S_a、S_b、S_c,输出电流检测值 i_a、i_b、i_c,以及直流侧电压检测值 u_{DC},计算瞬时有功功率和瞬时无功功率的估计值 $\hat{p}$、$\hat{q}$,以及三相电网电压在 $\alpha\beta$ 坐标系下的估计值 $\hat{e}_\alpha$、$\hat{e}_\beta$。$\hat{p}$、$\hat{q}$ 与瞬时有功功率和瞬时无功功率的参考值 p^*、q^* 比较后送入功率滞环比较器,p^* 由直流电压外环调节器输出给定,q^* 由系统无功指令给定,并网逆变器以单位功率因素运行时 $q^* = 0$。根据 $\hat{e}_\alpha$、$\hat{e}_\beta$ 的值可以计算出电网电压矢量的位置估算值 $\hat{\gamma}$,识别出其所处的扇区角度信息 θ_n。根据功率滞环比较器的输出值 S_p、S_q 和扇区角度信息 θ_n,从开关状态信息表中得出所需输出电压的开关函数 S_a、S_b、S_c 的值,以驱动逆变器的开关管调制,实现逆变器的并网控制。

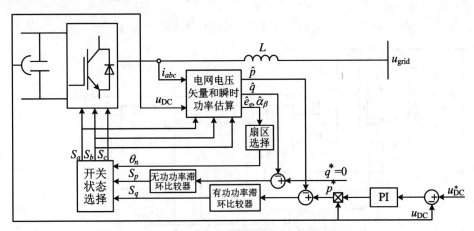

图 2.25　基于电压定向的直接功率控制

$$\hat{p} = -L\left(\frac{\mathrm{d}i_a}{\mathrm{d}t}i_a + \frac{\mathrm{d}i_b}{\mathrm{d}t}i_b + \frac{\mathrm{d}i_c}{\mathrm{d}t}i_c\right) + u_{DC}(S_a i_a + S_b i_b + S_c i_c) \tag{2.69}$$

$$\hat{q} = \frac{1}{\sqrt{3}}\left\{3L\left(\frac{\mathrm{d}i_c}{\mathrm{d}t}i_a - \frac{\mathrm{d}i_a}{\mathrm{d}t}i_c\right) - u_{DC}\left[S_a(i_b - i_c) + S_b(i_c - i_a) + S_c(i_a - i_b)\right]\right\} \tag{2.70}$$

$$\begin{bmatrix} \hat{e}_\alpha \\ \hat{e}_\beta \end{bmatrix} = \frac{1}{i_\alpha^2 + i_\beta^2}\begin{bmatrix} i_\alpha & -i_\beta \\ i_\beta & i_\alpha \end{bmatrix}\begin{bmatrix} \dot{p} \\ \dot{q} \end{bmatrix} \tag{2.71}$$

　　基于电压定向的直接功率控制具有高功率因数、低 THD、算法及结构简单等特点,但是电网电压存在背景谐波、畸变和不平衡等情况,电网电压定向的准确度会受到影响,系统的控制性能因此而下降甚至会导致系统振荡不稳定。为了克服这些缺点,有学者提出了基于虚拟磁链定向的直接功率控制策略,控制结构图如图

2.26 所示。电网电压矢量和虚拟磁链估算单元根据并网逆变器的开关函数 S_a、S_b、S_c,输出电流检测值 i_a、i_b、i_c,以及直流侧电压检测值 u_{DC},计算三相电网电压在 $\alpha\beta$ 坐标系下的估计值 $\hat{e}_\alpha$、$\hat{e}_\beta$,以及虚拟磁链估计值 ψ_α、ψ_β,然后根据 i_α、i_β、ψ_α、ψ_β 由瞬时功率估算单元计算 $\dot{p}$、$\dot{q}$,$\dot{p}$、$\dot{q}$ 与瞬时有功功率和瞬时无功功率的参考值 p^*、q^* 比较后送入功率滞环比较器,p^* 由直流电压外环调节器输出给定,q^* 由系统无功指令给定,并网逆变器以单位功率因素运行时 $q^* = 0$。根据 $\hat{e}_\alpha$、$\hat{e}_\beta$ 的值可以计算出电网电压矢量的位置估算值 $\hat{\gamma}$,识别出其所处的扇区角度信息 θ_n。根据功率滞环比较器的输出值 S_p、S_q 和扇区角度信息 θ_n,从开关状态信息表中得出所需输出电压的开关函数 S_a、S_b、S_c 的值,以驱动逆变器的开关管调制,实现逆变器的并网控制。

$$u_\alpha = \frac{2}{3}u_{DC}\left[S_a - \frac{1}{2}(S_b + S_c)\right], \quad u_\beta = \frac{2}{\sqrt{3}}u_{DC}(S_b - S_c) \tag{2.72}$$

$$\psi_\alpha = \int\left(u_\alpha - L\frac{di_\alpha}{dt}\right)dt, \quad \psi_\beta = \int\left(u_\beta - L\frac{di_\beta}{dt}\right)dt \tag{2.73}$$

$$\dot{p} = \omega(\psi_\alpha i_\beta - \psi_\beta i_\alpha), \quad \dot{q} = \omega(\psi_\alpha i_\alpha + \psi_\beta i_\beta) \tag{2.74}$$

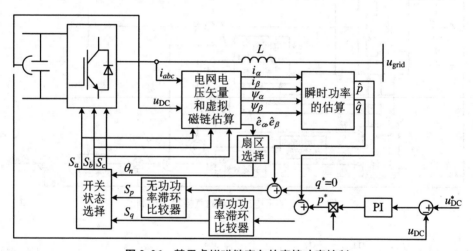

图 2.26　基于虚拟磁链定向的直接功率控制

　　上述基于滞环控制的直接功率控制方法的优点是:具有简单、无噪声、鲁棒性好的瞬时功率估算,无电流控制环节,能实现高动态性能的有功和无功控制。其缺点是:逆变器的开关频率不固定,给输出滤波器的设计增加了困难,运算量大,需要高速的处理芯片和 A/D 采样芯片。对此,有学者提出了基于 PI 调节的定频虚拟磁链定向的直接功率控制策略,其控制结构框图如图 2.27 所示。控制系统中用 PI 调节器取代了功率滞环控制器,通过 PI 调节产生并网逆变器交流输出电压在同步坐标系下的分量值 u_d、u_q,再通过 $dq/\alpha\beta$ 逆变换后得到两相静止坐标系 $\alpha\beta$ 下的分量值 u_α、u_β,再采用空间矢量 PWM 算法获得相应的开关驱动控制信号,实现逆变器的并网控制。

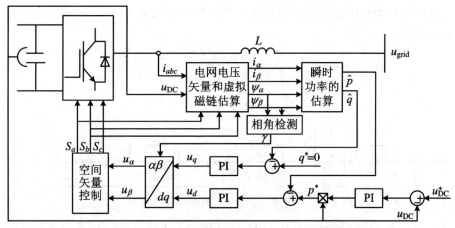

图 2.27　基于 PI 调节的虚拟磁链定向直接功率控制

2. 基于 LCL 型滤波器的光伏并网逆变器控制策略

随着光伏发电技术日益广泛的应用,规模化、大功率并网发电已然成为发展趋势。一阶 L 型滤波器,具有结构简单、参数选型容易等特点,增大滤波器电感值即可减小并网电流的谐波含量,但随着光伏并网系统功率的提高,L 型滤波器的体积和重量不断增大,损耗增加,成本提高,而且系统的动态性能变差。为了克服 L 型滤波器的缺点,LCL 滤波器作为新的滤波并网接口成为研究的热点。相比 L 型滤波器,LCL 型滤波器属于三阶滤波器,在高频段具有更强的谐波衰减能力,在相同总电感值的情况下,LCL 型滤波器在滤除高次谐波方面的效果明显好于 L 型滤波器,同时由于 LCL 型滤波器多了一个电容支路,可以选择多种反馈变量[124-127]。

采用 LCL 型滤波器的并网拓扑结构如图 2.28 所示,其选择的是逆变器侧电流闭环,很多文献也采用网侧电流闭环方式,下面对两种电流闭环方式进行对比分析。

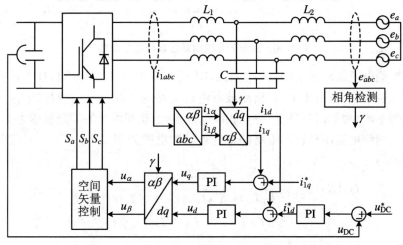

图 2.28　基于电网电压定向的并网逆变器控制结构图

采用逆变器侧电流闭环控制策略的结构框图如图 2.29 所示。其对应的开环
传递函数为

$$G_0(S) = \frac{(SK_p + K_i)(S^2CL_2 + SCr_{L_2} + 1)}{S^4CL_1L_2 + S^3(CL_1r_{L_2} + CL_2r_{L_1})}$$
$$+ S^2(Cr_{L1}r_{L_2} + L_1 + L_2) + S(r_{L_1} + r_{L_2}) \tag{2.75}$$

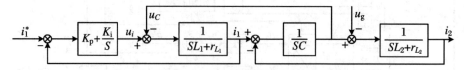

图 2.29　基于逆变侧电流闭环的逆变器控制框图

逆变侧电流闭环控制根轨迹如图 2.30 所示。由图 2.30 可知,随着开环增益
的变化,逆变侧电流闭环控制根轨迹曲线均分在复平面的左半平面,如果控制器参
数选择合适就能保证系统稳定运行。

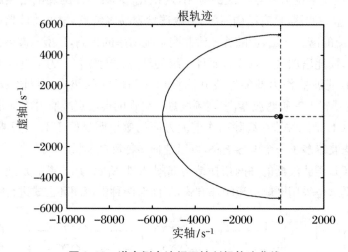

图 2.30　逆变侧电流闭环控制根轨迹曲线

逆变侧电流闭环控制相量图如图 2.31 所示。由图 2.31 可知,基于逆变侧电
流闭环控制方式中,由于 LCL 型滤波器电容支路的存在,会造成网侧电流滞后于
逆变器侧电流、功率因数降低,并且滤波电容越大,功率因数的降低就越为明显。

采用网侧电流闭环控制策略的逆变器结构框图如图 2.32 所示。对应的开环
传递函数为

$$G_0(S) = \frac{SK_p + K_i}{S^4CL_1L_2 + S^3(CL_1r_{L_2} + CL_2r_{L_1})} \tag{2.76}$$
$$+ S^2(Cr_{L_1}r_{L_2} + L_1 + L_2) + S(r_{L_1} + r_{L_2})$$

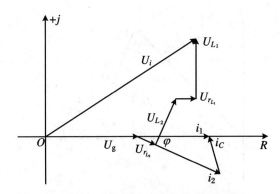

图 2.31　逆变侧电流闭环控制相量图

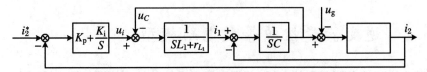

图 2.32　基于网侧电流闭环的逆变器控制框图

网侧电流闭环控制根轨迹如图 2.33 所示。由图 2.33 可知,随着开环增益的变化,总有极点分布在复平面的右半平面,因而系统是不稳定的。

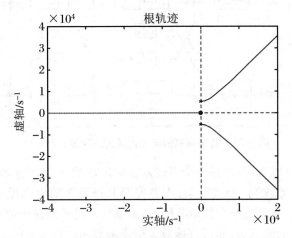

图 2.33　网侧电流闭环控制根轨迹曲线

网侧电流闭环控制相量图如图 2.34 所示。由图 2.34 可知,基于网侧电流闭环的控制方法能够使得系统以较高的功率因数运行。

通过对比两种方法可以看出,对逆变器侧电流进行闭环控制,可以更有效地对逆变器功率开关管进行过流保护,且系统的稳定性好于网侧电流闭环控制方法。在工程应用上,应以系统的稳定性为第一条件,因此逆变器侧电流闭环控制策略属于优先选择的方法[128-131]。本书在以后的分析中均采用逆变器侧电流闭环控制策略。

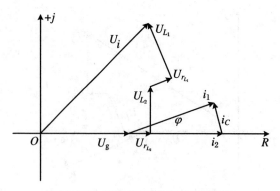

图 2.34 网侧电流闭环控制相量图

2.5.2 逆变器受控源等效电路模型

基于逆变侧电流反馈的 LCL 并网逆变器系统的控制框图如图 2.35 所示。

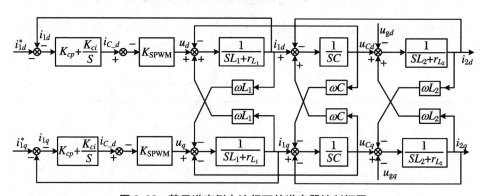

图 2.35 基于逆变侧电流闭环的逆变器控制框图

从图 2.35 可以看出,这是一个多输入多输出系统,d 轴和 q 轴相互耦合,推导相关表达式的阶数较高,形式复杂,不方便对其进行等效电路模型推导。由文献 [24] 的分析得出,在系统整个频域范围内,d 轴输入对 d 轴输出的直接影响比 q 轴输入对 d 轴耦合的影响大,通过直接放大传递函数和耦合放大传递函数之比发现,d 轴直接放大的倍数始终比 q 轴耦合放大的倍数大 3 倍以上。因此,在工程上,处理 d 轴的问题时,可以忽略 q 轴对其耦合的影响。同理,在处理 q 轴的问题时,可以忽略 d 轴对其耦合的影响。

为降低模型的复杂程度,以下分析均忽略 d 轴和 q 轴之间的相互耦合,简化后的系统控制框图如图 2.36 所示。

考虑到 d 轴和 q 轴的结构对称关系,下面的框图等效变换以其中的一个为例进行分析。

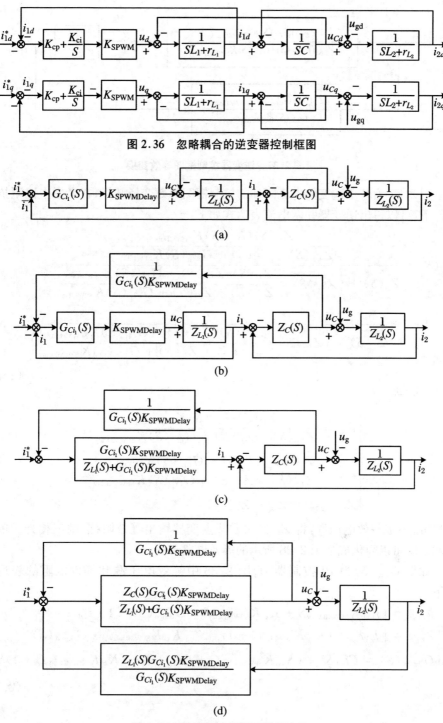

图 2.36　忽略耦合的逆变器控制框图

图 2.37　逆变器控制框图等效变换

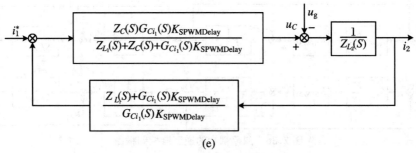

(e)

续图 2.37　逆变器控制框图等效变换

图 2.37 为基于逆变侧电流闭环的控制框图等效变换结果,在考虑电网阻抗的条件下,可以得出逆变器并网电流表达式如下:

$$
i_g(S) = \cfrac{\cfrac{Z_C(S)\,G_{Ci_1}(S)\,K_{\text{SPWMDelay}}}{Z_{L_1}(S) + Z_C(S) + G_{Ci_1}(S)\,K_{\text{SPWMDelay}}}}{Z_g(S) + \left\{ Z_{L_2}(S) + \cfrac{Z_C(S)\left[Z_{L_1}(S) + G_{Ci_1}(S)\,K_{\text{SPWMDelay}}\right]}{Z_{L_1}(S) + Z_C(S) + G_{Ci_1}(S)\,K_{\text{SPWMDelay}}} \right\}} i_1^*
$$

$$
+ \cfrac{1}{Z_g(S) + \left\{ Z_{L_2}(S) + \cfrac{Z_C(S)\left[Z_{L_1}(S) + G_{Ci_1}(S)\,K_{\text{SPWMDelay}}\right]}{Z_{L_1}(S) + Z_C(S) + G_{Ci_1}(S)\,K_{\text{SPWMDelay}}} \right\}} u_g(S)
$$

(2.77)

令

$$
\begin{cases}
u_{eq} = \cfrac{Z_C(S)\,G_{Ci_1}(S)\,K_{\text{SPWMDelay}}}{Z_{L_1}(S) + Z_C(S) + G_{Ci_1}(S)\,K_{\text{SPWMDelay}}}\, i_1^* \\[4mm]
Z_{eq} = \cfrac{Z_C(S)\left[Z_{L_1}(S) + G_{Ci_1}(S)\,K_{\text{SPWMDelay}}\right]}{Z_{L_1}(S) + Z_C(S) + G_{Ci_1}(S)\,K_{\text{SPWMDelay}}} \\[4mm]
Z_{eq\_inverter} = Z_{eq} + Z_{L_2}(S)
\end{cases}
$$

(2.78)

且将 u_{eq} 看成等效电压源,将 $Z_{eq\_inverter}$ 看成逆变器输出等效阻抗,则三相光伏单机并网系统可以简化成如图 2.28 所示的等效电路形式。

如果 $G_{Ci_1}(S)$ 为 PI 控制器,则图 2.38 中等效电压源和等效电阻的表达式如下:

$$
\begin{cases}
u_{eq\_d} = (K_{cp}K_{\text{SPWMDelay}}S + K_{ci}K_{\text{SPWMDelay}}) \cdot G_{den\_d}(S) - 1 \cdot i_{1d}^* \\
Z_{eq\_d} = \left[L_1 S^2 + (K_{cp}K_{\text{SPWMDelay}} + r_{L_1})S + K_{ci}K_{\text{SPWMDelay}}\right] \cdot G_{den\_d}(S)^{-1} \\
G_{den\_d}(S) = CL_1 S^3 + (K_{cp}K_{\text{SPWMDelay}}C + Cr_{L_1})S^2 + (K_{ci}K_{\text{SPWMDelay}}C + 1)S
\end{cases}
$$

(2.79)

$$\begin{cases} u_{\mathrm{eq}\_q} = (K_{\mathrm{cp}} K_{\mathrm{SPWMDelay}} S + K_{\mathrm{ci}} K_{\mathrm{SPWMDelay}}) \cdot G_{\mathrm{den}\_q}(S)^{-1} \cdot i_{1q}^* \\ Z_{\mathrm{eq}\_q} = [L_1 S^2 + (K_{\mathrm{cp}} K_{\mathrm{SPWMDelay}} + r_{L_1})S + K_{\mathrm{ci}} K_{\mathrm{SPWMDelay}}] \cdot G_{\mathrm{den}\_q}(S)^{-1} \\ G_{\mathrm{den}\_q}(S) = CL_1 S^3 + (K_{\mathrm{cp}} K_{\mathrm{SPWMDelay}} C + Cr_{L_1})S^2 + (K_{\mathrm{ci}} K_{\mathrm{SPWMDelay}} C + 1)S \end{cases}$$

$$(2.80)$$

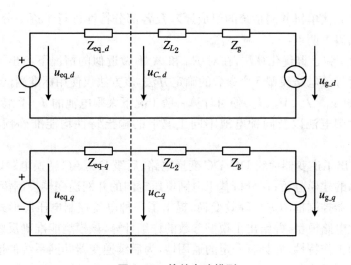

图 2.38　等效电路模型

在式（2.79）和式（2.80）中，令 $\mu = (K_{\mathrm{cp}} K_{\mathrm{SPWMDelay}} S + K_{\mathrm{ci}} K_{\mathrm{SPWMDelay}}) \cdot G_{\mathrm{den}}(S)^{-1}$，则图 2.38 可以转化成电流控制电压源的受控源等效模式，如图 2.39 所示。

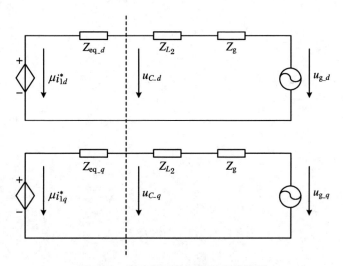

图 2.39　逆变器受控源等效电路模型

2.6　本　章　小　结

本章对光伏单机并网系统的组成原理及各部分特性进行了逐一分析,主要创新工作包括以下两点:

(1) 利用粒子群优化算法,在对 R_{sh} 和 A 不做近似的情况下给出了硅太阳电池单二极管等效电路模型 5 个参数的确定方法,该方法仅使用标准测试状况下的 4 个电气参数(V_{oc}、I_{sc}、V_m、I_m)便可计算一般工况下太阳电池的 I-V 特性曲线,对不同的硅太阳电池以及同种电池不同工况下的输出特性均能准确预测,误差在 2%以内。

(2) 给出了逆变器前级 DC/DC 变换电路、后级 DC/AC 变换电路以及并网接口滤波电路的建模分析;在分析基于电网电压定向的并网逆变器控制策略基础上,通过对逆变器控制框图进行等效变换,提出了一种电流控制电压源形式的逆变器受控源等效电路模型,并给出了模型参数的详细计算,该模型能准确反映逆变器并网运行时的工作特性,并具有一定的通用性,为后续逆变器并网系统的谐波谐振特性研究提供了理论基础。

第3章 分布式光伏并网系统谐波源及谐波交互分析研究

光伏并网逆变器一般采用的是电压型主电路拓扑,且运用 PWM 调制技术。PWM 载波和信号波合成以后的信号可以看成一个载波和调制波共同决定的二元函数,同时载波函数和调制波函数又是时间域上的周期函数。本章基于二重傅里叶积分分析方法,分别对 SPWM 调制策略和 SVPWM 调制策略输出的电压进行谐波频谱分析,推导出三相全桥电路输出电压谐波的解析解,进而得出基于 SP-WM 调制策略和 SVPWM 调制策略的谐波分布规律;同时基于二重傅里叶积分分析方法对死区设置引起的谐波分布规律进行了分析。光伏接入系统中的变压器,其铁芯的非线性特性会产生谐波电流,通过分析变压器的非线性特性,本章主要考虑励磁电感非线性和磁化曲线及接线方式对谐波电流的影响,研究其非线性特性与谐波电流的关系。非线性和冲击性负荷的大量接入使得电网被注入大量的谐波分量,导致电网电压及电流波形产生严重的畸变,这里提出一种电力负荷的通用模型,将电力负荷的集总效应用一组并联的等效阻、感、容性元件进行模拟,非线性负荷产生的谐波效应用伴随的谐波注入的电流源进行模拟。基于谐波源的等效模型,仿真分析逆变器、负载和配电网之间的谐波交互影响,得出高密度分布式光伏接入系统谐波分布规律。

3.1 并网逆变器引起的谐波分析

在分布式光伏多机并网系统中,逆变器作为并网及直交变换核心的同时,也成为电网的主要谐波源。在不考虑背景谐波电压及逆变器控制性能的前提下,逆变器产生的谐波因素包括两部分:一部分是死区效应导致的低次谐波;另一部分是由 PWM 调制产生的高次谐波,分布在开关频率及其倍频处。因此,逆变器自身产生的谐波电流具有高频次和宽频域等特点。由于这种特殊性,由多逆变器构成的并网系统更易于与配电网产生谐振,引起谐波放大。

3.1.1　PWM 调制输出频谱分析

1964 年,德国学者 A. Schonung 和 H. Stemmler 首先提出将通信中的调制技术应用于交流电机调速系统中,于是产生了脉宽调制(puls width modulation,PWM)控制技术。PWM 控制技术,就是在控制器件的开、关周期时间(T_s)一定时,改变器件的通(T_{on})与断时间,即调制脉冲宽度(从 T_{on} 变为 T'_{on}),获得等效的所需要的波形形状和幅值的控制技术。如图 3.1 所示,电压 u 的波形、幅值没有改变,但宽度改变了。

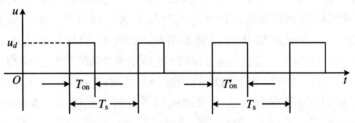

图 3.1　脉冲宽度调制(PWM)

在 PWM 调制技术中,基于载波的正弦脉宽调制(SPWM)和空间矢量脉宽调制(space vecfor pulse width modulation,SVPWM)是光伏并网逆变器目前最常用的两种脉宽调制方法。无论采用哪种 PWM 调制方法,在控制过程中开关器件的高频动作都会带来高频谐波,尤其是开关频率及其倍频处谐波的产生越来越引起人们的关注。分析 PWM 控制过程中的谐波分布情况以及如何改变谐波的分布区域和减小相关谐波峰值,提高并网电流质量,已然成为 PWM 控制技术研究的一个关键点[132,133]。

1. PWM 调制的二重傅里叶积分分析法

当非正弦的周期函数是由双变量共同决定的时,可以通过两次傅里叶变换来得到其傅里叶级数的形式,即双重傅里叶级数。将 PWM 调制中的载波信号和调制波信号写成时间函数形式:

$$\begin{cases} x(t) = \omega_c t + \theta_c \\ y(t) = \omega_s t + \theta_s \end{cases} \tag{3.1}$$

这里,$x(t)$ 是载波信号;$y(t)$ 是调制波信号;$\omega_c = \dfrac{2\pi}{T_c}$ 是载波的角频率,T_c 为载波周期;θ_c 是载波的相位偏移角;$\omega_s = \dfrac{2\pi}{T_s}$ 是调制波的角频率,T_s 为调制波周期;θ_s 是调制波的相位偏移角。可以令 PWM 的输出函数为 $f(x,y)$,得到双重傅里叶级数形式如下:

$$f(x,y) = \frac{A_{00}}{2} + \sum_{n=1}^{\infty}(A_{0n}\cos ny + B_{0n}\sin ny) + \sum_{m=1}^{\infty}(A_{m0}\cos mx + B_{m0}\sin mx)$$

$$+ \sum_{m=1}^{\infty} \sum_{n=-\infty}^{\infty} \left[A_{mn} \cos(mx + ny) + B_{mn} \sin(mx + ny) \right] \tag{3.2}$$

其中

$$A_{mn} = \frac{1}{2\pi^2} \int_{-\pi}^{\pi} \int_{-\pi}^{\pi} f(x, y) \cos(mx + ny) dx dy$$

$$B_{mn} = \frac{1}{2\pi^2} \int_{-\pi}^{\pi} \int_{-\pi}^{\pi} f(x, y) \sin(mx + ny) dx dy$$

综合式(3.1)和式(3.2)可得

$$\begin{aligned} f(x, y) = \frac{A_{00}}{2} &+ \sum_{n=1}^{\infty} \left[A_{0n} \cos n(\omega_s t + \theta_s) + B_{0n} \sin n(\omega_s t + \theta_s) \right] \\ &+ \sum_{m=1}^{\infty} \left[A_{m0} \cos m(\omega_c t + \theta_c) + B_{m0} \sin m(\omega_c t + \theta_c) \right] \\ &+ \sum_{m=1}^{\infty} \sum_{\infty} \left\{ \begin{aligned} &A_{mn} \cos\left[m(\omega_c t + \theta_c) + n(\omega_s t + \theta_s) \right] \\ &+ B_{mn} \sin\left[m(\omega_c t + \theta_c) + n(\omega_s t + \theta_s) \right] \end{aligned} \right\} \end{aligned} \tag{3.3}$$

式中,m 为载波谐波的索引变量;n 为基波频率处的边带谐波索引变量;$\frac{A_{00}}{2}$ 为直流偏置分量;$\sum_{n=1}^{\infty} \left[A_{0n} \cos n(\omega_0 t + \theta_0) + B_{0n} \sin n(\omega_0 t + \theta_0) \right]$ 为基波分量($n = 1$)和基带谐波分量;$\sum_{m=1}^{\infty} \left[A_{m0} \cos m(\omega_c t + \theta_c) + B_{m0} \sin m(\omega_c t + \theta_c) \right]$ 为载波谐波分量,频率为载波频率的整数倍;$\sum_{m=1}^{\infty} \sum_{n=-\infty}^{\infty} \{ A_{mn} \cos\left[m(\omega_c t + \theta_c) + n(\omega_s t + \theta_s) \right] + B_{mn} \sin\left[m(\omega_c t + \theta_c) + n(\omega_s t + \theta_s) \right] \}$ 为边带谐波分量,分布在载波谐波的两侧,频率间隔为基波频率的整数倍。这里 PWM 的输出函数 $f(x, y)$ 是由载波和调制波共同决定的二元函数,其复数形式可表示为如下形式[134,135]:

$$C_{mn} = A_{mn} + jB_{mn} = \frac{1}{2\pi^2} \int_{-\pi}^{\pi} \int_{-\pi}^{\pi} f(x, y) e^{j(mx + ny)} dx dy \tag{3.4}$$

2. SPWM 输出频谱分析

正弦脉宽调制(SPWM)是光伏逆变器采用的一种常用的调制技术,其采取的方法是通过比较正弦调制波与三角载波产生开关脉冲驱动信号,如图 3.2 所示。对调制波 u_s 与载波 u_c 进行比较以后,SPWM 的输出 $u_o(t)$ 如下所示:

$$u_o(t) = \begin{cases} + U_d, & u_s > u_c \\ - U_d, & u_s < u_c \end{cases} \tag{3.5}$$

根据 PWM 二重傅里叶级数分析方法,将 $u_o(t)$ 分解为关于时间变量 $x(t) = \omega_c t + \theta_c$ 和 $y(t) = \omega_s t + \theta_s$ 的傅里叶级数形式,这里将调制波 $f_s(t)$ 的方程和三角载波 $f_c(t)$ 的方程分别表示成式(3.6)和式(3.7):

$$f_s(t) = M \sin(\omega_s t + \theta_s) = M \sin y \tag{3.6}$$

$$f_c(t) = \begin{cases} -\dfrac{2}{\pi}\left(x + \dfrac{\pi}{2}\right), & x \in [-\pi + 2k\pi, 2k\pi] \\[3mm] \dfrac{2}{\pi}\left(x - \dfrac{\pi}{2}\right), & x \in [2k\pi, 2k\pi + \pi] \end{cases} \tag{3.7}$$

式中,$M = \dfrac{U_{rm}}{U_{cm}}$ 为调制比。

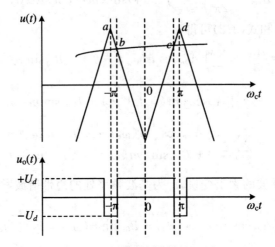

图 3.2　正弦脉宽调制(PWM)

图 3.2 中,b、c 点为调制波和载波的交点,且在点 a、b、c、d 处有下式成立:

$$\begin{cases} x_a = -\pi + 2k\pi \\[2mm] x_b = -\dfrac{\pi}{2}(1 + M\sin y) + 2k\pi \\[2mm] x_c = \dfrac{\pi}{2}(1 + M\sin y) + 2k\pi \\[2mm] x_d = \pi + 2k\pi \end{cases} \tag{3.8}$$

根据式(3.2)可得输出电压 $u_o(t)$ 的二重傅里叶级数表达式如下所示:

$$\begin{cases} u_o = \dfrac{A_{00}}{2} + \displaystyle\sum_{n=1}^{\infty}(A_{0n}\cos ny + B_{0n}\sin ny) + \sum_{m=1}^{\infty}(A_{m0}\cos mx + B_{m0}\sin mx) \\[3mm] \quad + \displaystyle\sum_{m=1}^{\infty}\sum_{n=-\infty}^{\infty}[A_{mn}\cos(mx + ny) + B_{mn}\sin(mx + ny)] \\[3mm] A_{mn} + jB_{mn} = \dfrac{1}{2\pi^2}\displaystyle\int_{-\pi}^{\pi}\int_{-\pi}^{\pi}u_o e^{j(mx+ny)}\,dx\,dy \end{cases} \tag{3.9}$$

式(3.9)中,各分量系数计算如下:

直流分量部分对应 $m = n = 0$,其傅里叶系数计算公式为

$$A_{00} + jB_{00} = \frac{1}{2\pi^2}\int_{-\pi}^{\pi}\int_{-\pi}^{\pi}u_o\,dx\,dy = \frac{U_d}{2\pi^2}\int_{-\pi}^{\pi}\left(-\int_{x_a}^{x_b} + \int_{x_b}^{x_c} - \int_{x_c}^{x_d}\right)dx\,dy$$

$$= \frac{U_d}{2\pi^2}\int_{-\pi}^{\pi}\left[(x_a - x_d) + 2(x_c - x_b)\right]\mathrm{d}y$$

$$= \frac{U_d}{2\pi^2}\int_{-\pi}^{\pi}(2\pi M\sin y)]\mathrm{d}y = 0 \tag{3.10}$$

基波分量部分对应 $m = 0, n > 0$,其傅里叶系数计算公式为

$$A_{0n} + jB_{0n} = \frac{1}{2\pi^2}\int_{-\pi}^{\pi}\int_{-\pi}^{\pi}u_o\mathrm{e}^{jny}\mathrm{d}x\mathrm{d}y = \frac{U_d}{2\pi^2}\int_{-\pi}^{\pi}\mathrm{e}^{jny}\left(-\int_{x_a}^{x_b} + \int_{x_b}^{x_c} - \int_{x_c}^{x_d}\right)\mathrm{d}x\mathrm{d}y$$

$$= \frac{U_d}{2\pi^2}\int_{-\pi}^{\pi}\mathrm{e}^{jny}\left[(x_a - x_d) + 2(x_c - x_b)\right]\mathrm{d}y$$

$$= \frac{U_d}{2\pi^2}\int_{-\pi}^{\pi}\mathrm{e}^{jny}(2\pi M\sin y)\mathrm{d}y = \frac{U_d}{2\pi^2}\int_{-\pi}^{\pi}(\cos ny + j\sin ny)(2\pi M\sin y)\mathrm{d}y$$

$$= \frac{U_d}{2\pi^2}\left[2\pi M\int_{-\pi}^{\pi}(\cos ny\sin y)\mathrm{d}y + j2\pi M\int_{-\pi}^{\pi}(\sin ny\sin y)\mathrm{d}y\right]$$

$$= \frac{U_d}{2\pi^2}\left[2\pi M\int_{-\pi}^{\pi}\frac{\sin(n+1)y - \sin(n-1)y}{2}\mathrm{d}y\right.$$

$$\left. - j2\pi M\int_{-\pi}^{\pi}\frac{\cos(n+1)y - \cos(n-1)y}{2}\mathrm{d}y\right] \tag{3.11}$$

式(3.11)只有在 $n = 1$ 时不为零,即

$$\begin{cases} A_{01} + jB_{01} = jMU_d, & n = 1 \\ A_{0n} + jB_{0n} = 0, & n \neq 1 \end{cases} \tag{3.12}$$

载波谐波分量部分对应 $m > 0, n = 0$,其傅里叶系数计算公式为

$$A_{m0} + jB_{m0} = \frac{1}{2\pi^2}\int_{-\pi}^{\pi}\int_{-\pi}^{\pi}u_o\mathrm{e}^{jmx}\mathrm{d}x\mathrm{d}y$$

$$= \frac{U_d}{\pi^2}\int_{-\pi}^{\pi}\mathrm{e}^{jmx}\left(-\int_{x_a}^{x_b} + \int_{x_b}^{x_c} - \int_{x_c}^{x_d}\right)\mathrm{d}x\mathrm{d}y$$

$$= \frac{U_d}{jm\pi^2}\int_{-\pi}^{\pi}\left[-2\sin\frac{m(x_c - x_b)}{2}\sin\frac{m(x_c + x_b)}{2}\right.$$

$$\left. + j2\cos\frac{m(x_c + x_b)}{2}\sin\frac{m(x_c - x_b)}{2}\right]\mathrm{d}y \tag{3.13}$$

$$= \frac{2U_d}{jm\pi^2}\int_{-\pi}^{\pi}\left[-\sin\frac{m\pi(1 + M\sin y)}{2}\sin\frac{m(4k\pi)}{2}\right.$$

$$\left. + j\cos\frac{m(4k\pi)}{2}\sin\frac{m\pi(1 + M\sin y)}{2}\right]\mathrm{d}y$$

$$= \begin{cases} (-1)^{\frac{m-1}{2}}\frac{4U_d}{m\pi}J_0\left(\frac{mM\pi}{2}\right), & m \text{ 为奇数} \\ 0, & m \text{ 为偶数} \end{cases}$$

载波边带谐波分量部分对应 $m > 0, n \neq 0$,其傅里叶系数计算公式为

$$A_{mn} + \mathrm{j}B_{mn} = \frac{1}{2\pi^2}\int_{-\pi}^{\pi}\int_{-\pi}^{\pi} u_\mathrm{o}\mathrm{e}^{\mathrm{j}(mx+ny)}\,\mathrm{d}x\mathrm{d}y$$

$$= \frac{U_d}{\pi^2}\int_{-\pi}^{\pi}\mathrm{e}^{\mathrm{j}ny}\cdot\mathrm{e}^{\mathrm{j}mx}\left(-\int_{x_a}^{x_b}+\int_{x_b}^{x_c}-\int_{x_c}^{x_d}\right)\mathrm{d}x\mathrm{d}y$$

$$= \frac{2U_d}{\mathrm{j}m\pi^2}\int_{-\pi}^{\pi}\mathrm{e}^{\mathrm{j}ny}\left[\begin{array}{l}-\sin\dfrac{m(x_c-x_b)}{2}\sin\dfrac{m(x_c+x_b)}{2}\\[2mm]+\mathrm{j}\cos\dfrac{m(x_c+x_b)}{2}\sin\dfrac{m(x_c-x_b)}{2}\end{array}\right]\mathrm{d}y$$

$$= \begin{cases} \dfrac{4U_d}{m}J_n\left(\dfrac{mM\pi}{2}\right)\sin\dfrac{m\pi}{2}, & m\text{ 为奇数},n\text{ 为偶数}\\[3mm] \mathrm{j}\dfrac{4U_d}{m\pi}J_n\left(\dfrac{mM\pi}{2}\right)\cos\dfrac{m\pi}{2}, & m\text{ 为偶数},n\text{ 为奇数}\\[3mm] 0, & \text{其他} \end{cases}$$

$$(3.14)$$

式中，J_n 为将 $\mathrm{e}^{\pm\mathrm{j}\zeta\cos\theta}$ 按式(3.15)展开的第 n 项：

$$\mathrm{e}^{\pm\mathrm{j}\zeta\cos\theta} = J_0(\zeta) + 2\sum_{k=1}^{\infty}J_k(\zeta)\cos(k\theta) \qquad (3.15)$$

综合以上各式并代入式(3.3)即可得到 $u_\mathrm{o}(t)$ 的二重傅里叶级数，如式(3.16)所示：

$$\begin{cases} u_\mathrm{o} = U_dM\sin(\omega_\mathrm{s}t+\theta_\mathrm{s}) + \dfrac{4U_d}{m\pi}\sum_{m=1}^{\infty}(-1)^{\frac{m-1}{2}}\\[3mm] \quad\cdot J_0\left(m\dfrac{\pi}{2}M\right)\cos m(\omega_\mathrm{c}t+\theta_\mathrm{c})\\[3mm] \quad+ \dfrac{4U_d}{m}\sum_{m=1}^{\infty}\sum_{\substack{n=-\infty\\(n\neq0)}}^{\infty}J_n\left(m\dfrac{\pi}{2}M\right)\sin\left(\dfrac{m\pi}{2}\right)\\[3mm] \quad\cdot\cos[m(\omega_\mathrm{c}t+\theta_\mathrm{c})+n(\omega_\mathrm{s}t+\theta_\mathrm{s})], & m\text{ 为奇数},n\text{ 为偶数}\\[3mm] u_\mathrm{o} = U_dM\sin(\omega_\mathrm{s}t+\theta_\mathrm{s}) + \dfrac{4U_d}{m\pi}\sum_{m=1}^{\infty}\sum_{\substack{n=-\infty\\(n\neq0)}}^{\infty}J_n\left(m\dfrac{\pi}{2}M\right)\\[3mm] \quad\cdot\cos\left(\dfrac{m\pi}{2}\right)\sin[m(\omega_\mathrm{c}t+\theta_\mathrm{c})+n(\omega_\mathrm{s}t+\theta_\mathrm{s})], & m\text{ 为偶数},n\text{ 为奇数}\\[3mm] u_\mathrm{o} = U_dM\sin(\omega_\mathrm{s}t+\theta_\mathrm{s}), & \text{其他} \end{cases}$$

$$(3.16)$$

由式(3.16)可以看出，采用三角波调制的 SPWM 输出信号含有基波分量、载波谐波分量和载波边带谐波分量。其中基波含量的高低是 PWM 调制技术的关键，直接决定了直流侧容量和逆变器输出滤波器的参数。载波谐波分布在载波频率的整数倍处，当 m 为偶数时，载波谐波为零。载波谐波的周围存在边带谐波，当 $m-n$ 为偶数时，边带谐波为零，也就是说奇次载波周围的奇次边带谐波为零，偶次载波周围的偶次边带谐波为零。

运用傅里叶—帕塞瓦尔能量定理对式(3.2)所示的二重傅里叶级数进行整理可得

$$\frac{1}{4\pi^2}\int_{-\pi}^{\pi}\int_{-\pi}^{\pi}f(x,y)^2\mathrm{d}x\mathrm{d}y = \left(\frac{A_{00}}{2}\right)^2 + \frac{1}{2}\sum_{n=1}^{\infty}(A_{0n}^2+B_{0n}^2) + \frac{1}{2}\sum_{m=1}^{\infty}(A_{m0}^2+B_{m0}^2)$$

$$+ \frac{1}{2}\sum_{m=1}^{\infty}\sum_{\substack{n=-\infty\\(n\neq 0)}}^{\infty}(A_{mn}^2+B_{mn}^2) \tag{3.17}$$

对于 SPWM 输出信号,满足 $A_{00}=0$,$A_{01}+\mathrm{j}B_{01}=MU_d$,于是由式(3.17)可得

$$\frac{1}{2}\sum_{n=1}^{\infty}(A_{0n}^2+B_{0n}^2) + \frac{1}{2}\sum_{m=1}^{\infty}(A_{m0}^2+B_{m0}^2) + \frac{1}{2}\sum_{m=1}^{\infty}\sum_{\substack{n=-\infty\\(n\neq 0)}}^{\infty}(A_{mn}^2+B_{mn}^2)$$

$$= U_d^2 - \frac{1}{2}M^2U_d^2 \tag{3.18}$$

由式(3.18)可知,SPWM 输出谐波含量的幅值平方和仅仅与 M、U_d 有关,只要 M、U_d 确定了,谐波含量就确定了,与载波的频率变化无关,载波频率变化只是改变了谐波的分布。

在单相全桥电路调制过程中,a、b 两相桥臂调制波相位相差 π,使用相同的载波进行调制并将得到的信号取反供给相应的下桥臂,由此可得到四路信号去控制四个开关管。a、b 两相调制波定义如式(3.19)所示:

$$u'_{ao} = U_dM\cos(\omega_s t), \quad u'_{bo} = U_dM\cos(\omega_s t - \pi) \tag{3.19}$$

式中,M 为调制比且 $0<M<1$。根据式(3.3)可以解出 a、b 两桥臂 SPWM 输出的二重傅里叶级数,如式(3.20)和式(3.21)所示:

$$u_{ao} = U_dM\cos(\omega_s t) + \frac{4U_d}{\pi}\sum_{m=1}^{\infty}\sum_{\substack{n=-\infty\\(n\neq 0)}}^{\infty}\frac{1}{m}J_n\left(m\frac{\pi}{2}M\right)$$

$$\cdot\sin\left[(m+n)\frac{\pi}{2}\right]\cos[m(\omega_c t)+n(\omega_s t)] \tag{3.20}$$

$$u_{bo} = U_dM\cos(\omega_s t) + \frac{4U_d}{\pi}\sum_{m=1}^{\infty}\sum_{\substack{n=-\infty\\(n\neq 0)}}^{\infty}\frac{1}{m}J_n\left(m\frac{\pi}{2}M\right)$$

$$\cdot\sin\left[(m+n)\frac{\pi}{2}\right]\cos[m(\omega_c t)+n(\omega_s t-\pi)] \tag{3.21}$$

线电压 u_{ab} 输出的二重傅里叶级数如下:

$$u_{ab} = 2U_dM\cos(\omega_0 t) + \frac{8U_d}{\pi}\sum_{m=1}^{\infty}\sum_{\substack{n=-\infty\\(n\neq 0)}}^{\infty}\frac{1}{2m}J_{2n-1}(m\pi M)$$

$$\cdot\cos[(m+n-1)\pi]\cos[2m(\omega_c t)+(2n-1)\omega_s t] \tag{3.22}$$

根据式(3.22)可知,线电压输出的脉冲中,谐波分量中奇次载波谐波和相关的边带谐波被完全消除,仅剩下偶次谐波和奇次边带谐波。

在三相全桥电路中,三路调制波互差 $\dfrac{2\pi}{3}$ 相位,则有

$$u'_{ao} = U_d M\cos(\omega_0 t), \quad u'_{bo} = U_d M\cos\left(\omega_0 t - \dfrac{2}{3}\pi\right),$$

$$u'_{co} = U_d M\cos\left(\omega_0 t + \dfrac{2}{3}\pi\right) \tag{3.23}$$

根据式(3.3)可以解出 a、b、c 三桥臂 SPWM 输出的二重傅里叶级数,如式(3.24)、式(3.25)和式(3.26)所示:

$$u_{ao} = U_d M\cos(\omega_0 t) + \dfrac{4U_d}{\pi}\sum_{m=1}^{\infty}\sum_{\substack{n=-\infty\\(n\neq0)}}^{\infty}\dfrac{1}{m}J_n\left(m\dfrac{\pi}{2}M\right)$$

$$\cdot \sin\left[(m+n)\dfrac{\pi}{2}\right]\cos\left[m(\omega_c t)+n(\omega_s t)\right] \tag{3.24}$$

$$u_{bo} = U_d M\cos(\omega_0 t) + \dfrac{4U_d}{\pi}\sum_{m=1}^{\infty}\sum_{\substack{n=-\infty\\(n\neq0)}}^{\infty}\dfrac{1}{m}J_n\left(m\dfrac{\pi}{2}M\right)$$

$$\cdot \sin\left[(m+n)\dfrac{\pi}{2}\right]\cos\left[m(\omega_c t)+n\left(\omega_s t-\dfrac{2}{3}\pi\right)\right] \tag{3.25}$$

$$u_{co} = U_d M\cos(\omega_0 t) + \dfrac{4U_d}{\pi}\sum_{m=1}^{\infty}\sum_{\substack{n=-\infty\\(n\neq0)}}^{\infty}\dfrac{1}{m}J_n\left(m\dfrac{\pi}{2}M\right)$$

$$\cdot \sin\left[(m+n)\dfrac{\pi}{2}\right]\cos\left[m(\omega_c t)+n\left(\omega_s t+\dfrac{2}{3}\pi\right)\right] \tag{3.26}$$

线电压 u_{ab} 输出的二重傅里叶级数如下:

$$u_{ab} = \sqrt{3}\,U_d M\cos\left(\omega_s t+\dfrac{\pi}{6}\right) + \dfrac{8U_d}{\pi}\sum_{m=1}^{\infty}\sum_{\substack{n=-\infty\\(n\neq0)}}^{\infty}\dfrac{1}{m}J_n\left(m\dfrac{\pi}{2}M\right)\sin\left[(m+n)\dfrac{\pi}{2}\right]$$

$$\cdot \sin\left(\dfrac{n\pi}{3}\right)\cos\left[m(\omega_c t)+n\left(\omega_s t-\dfrac{\pi}{3}\right)+\dfrac{\pi}{2}\right] \tag{3.27}$$

由式(3.27)可知,在三相全桥逆变器的线电压中,3 倍频的边带谐波被消除,同时由于每一相桥臂中的载波谐波都一样,相互抵消,因此线电压中不会出现载波谐波;当 $m\pm n$ 为偶数时,由于正弦项 $\sin\left[(m+n)\dfrac{\pi}{2}\right]$ 为零,因而 $m\pm n$ 为偶数的边带谐波也不会出现在线电压中。线电压的谐波分析表明,SPWM 调制策略在多个桥臂的叠加作用下,一些固定频率的谐波被相互抵消。

图 3.3 为利用 SIMULINK 构建的基于三相全桥逆变电路的 SPWM 输出仿真结果,模型主电路直流侧电压设定为 700 V,滤波器选择 L 型,电感值为 6.4 mH,阻感负载分别设定为 5 Ω 和 0.5 mH,调制比 M 设定为 0.8,载波比 p 取值为 10、100、200 和 400,即开关频率从 500 Hz 至 20 kHz 之间变化。图 3.3 的仿真结果表明,开关频率从小到大变化时,相电压 SPWM 输出频谱基波幅值在 118.7 至 119.5 之间变化,总谐波畸变率 THD 在 342.25% 至 344.61% 之间变化;线电压 SPWM

输出频谱基波幅值在 272.1 至 272.4 之间变化,总谐波畸变率 THD 在 163.00%
至170.09%之间变化,即基波幅值和总谐波畸变率基本保持不变。谐波频谱分布
在开关频率整数倍及其边带附近,同时随着载波频率的提升,低频谐波含量逐渐减
少,高频谐波含量逐渐增加,频谱分布向高频段迁移,有利于利用 LCL 型滤波器滤
除,提高输出电流质量。

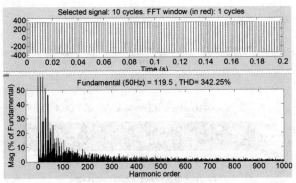

(a) $p = 10$ 时的相电压

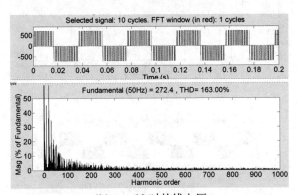

(b) $p = 10$ 时的线电压

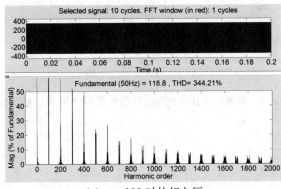

(c) $p = 100$ 时的相电压

图 3.3　载波比变化时相电压和线电压 SPWM 输出频谱分析

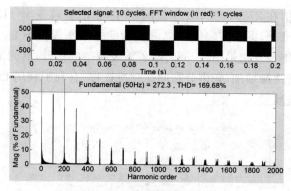

（d）$p = 100$ 时的线电压

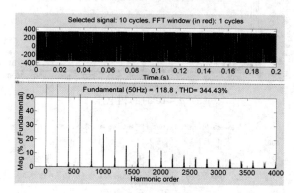

（e）$p = 200$ 时的相电压

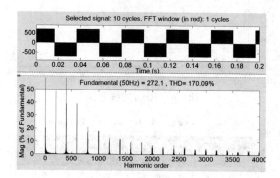

（f）$p = 200$ 时的线电压

续图 3.3　载波比变化时相电压和线电压 SPWM 输出频谱分析

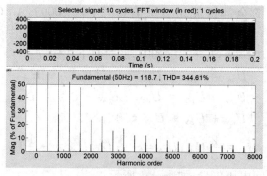

（g）$p = 400$ 时的相电压

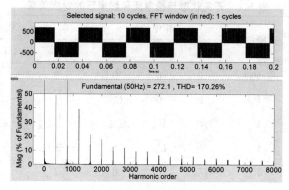

（h）$p = 400$ 时的线电压

续图 3.3　载波比变化时相电压和线电压 SPWM 输出频谱分析

3. SVPWM 输出频谱分析

空间矢量脉宽调制（SVPWM）是光伏逆变器使用的另一种重要调制方法，由日本学者在 20 世纪 80 年代初提出。其主要思路是依据逆变器空间电压矢量的切换来获得准圆形旋转磁场，从而在不高的开关频率（1～3 kHz）下获得更好的控制性能，提高逆变器的电压利用率和动态响应能力。

SVPWM 的理论基础是平均值等效原理，即在一个开关周期内通过对基本电压矢量加以组合，使其平均值与给定电压矢量相等。在某个时刻，电压矢量旋转到某个区域中，可由组成这个区域的两个相邻的非零矢量和零矢量在时间上的不同组合来得到。两个矢量的作用时间在一个采样周期内分多次施加，从而控制各个电压矢量的作用时间，使电压空间矢量接近按圆轨迹旋转，通过逆变器的不同开关状态所产生的实际磁通去逼近理想磁通圆，并由两者的比较结果来决定逆变器的开关状态，从而形成 PWM 波形。

由于逆变器三相桥臂共有 6 个开关管，为了研究各相上、下桥臂不同开关组合下逆变器输出的空间电压矢量，定义开关函数 $S_x(x = a, b, c)$ 为

$$S_x = \begin{cases} 1, & 上桥臂导通 \\ 0, & 下桥臂导通 \end{cases} \tag{3.28}$$

$(S_a$、S_b、$S_c)$ 的全部可能组合共有 8 个：$V_0(000)$，$V_1(100)$，$V_2(110)$，$V_3(010)$，$V_4(011)$，$V_5(001)$，$V_6(101)$，$V_7(111)$，下面以其中一种开关组合为例进行分析。假设 $S_x(x=a,b,c)=(100)$，此时有下式成立：

$$\begin{cases} U_{ab}=U_{dc}, & U_{bc}=0, & U_{ca}=-U_{dc} \\ U_{aN}-U_{bN}=U_{dc}, & U_{aN}-U_{cN}=U_{dc} \\ U_{aN}+U_{bN}+U_{cN}=0 \end{cases} \tag{3.29}$$

求解上述方程可得：$U_{aN}=\dfrac{2}{3}U_{dc}$，$U_{bN}=-\dfrac{1}{3}U_d$，$U_{cN}=-\dfrac{1}{3}U_d$。同理可计算出其他各种组合下的空间电压矢量，如表 3.1 所示。

表 3.1　开关状态与相电压和线电压的对应关系

S_a	S_b	S_c	矢量符号	相电压			线电压		
				U_{ab}	U_{bc}	U_{ca}	U_{aN}	U_{bN}	U_{cN}
0	0	0	V_0	0	0	0	0	0	0
0	0	1	V_1	0	0	U_{dc}	$-\dfrac{1}{3}U_{dc}$	$-\dfrac{1}{3}U_{dc}$	$\dfrac{2}{3}U_{dc}$
0	1	0	V_2	0	U_{dc}	U_{dc}	$-\dfrac{1}{3}U_{dc}$	$-\dfrac{1}{3}U_{dc}$	$-\dfrac{1}{3}U_{dc}$
0	1	1	V_3	0	U_{dc}	U_{dc}	$-\dfrac{2}{3}U_{dc}$	$\dfrac{1}{3}U_{dc}$	$\dfrac{1}{3}U_{dc}$
1	0	0	V_4	U_{dc}	0	0	$\dfrac{2}{3}U_{dc}$	$-\dfrac{1}{3}U_{dc}$	$-\dfrac{1}{3}U_{dc}$
1	0	1	V_5	U_{dc}	0	U_{dc}	$\dfrac{1}{3}U_{dc}$	$-\dfrac{2}{3}U_{dc}$	$\dfrac{1}{3}U_{dc}$
1	1	0	V_6	U_{dc}	U_{dc}	0	$\dfrac{1}{3}U_{dc}$	$\dfrac{1}{3}U_{dc}$	$-\dfrac{2}{3}U_{dc}$
1	1	1	V_7	0	0	0	0	0	0

不同开关组合时的交流侧输出电压可以用一个模为 $\dfrac{2}{3}U_{dc}$ 的空间电压矢量在复平面表示出来，如式(3.30)所示：

$$V_k=\frac{2}{3}U_{dc}\mathrm{e}^{\mathrm{j}(k-1)\pi/3}\quad(k=1,2,3,4,5,6),\quad V_{0,7}=0 \tag{3.30}$$

式(3.30)中，6 个非零矢量对称均匀分布在复平面上，对于任一给定的空间电压矢量 V^*，均可由 6 个非零空间电压矢量与零空间电压矢量合成，如图 3.4 所示。

图 3.4 中，若 V^* 在 Ⅰ 区，则 V^* 可由 V_1、V_2 和 $V_{0,7}$ 合成：

$$\frac{T_1}{T_s}V_1+\frac{T_2}{T_s}V_2=V^* \tag{3.31}$$

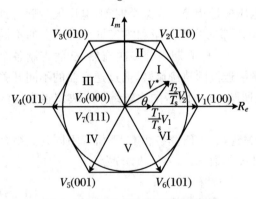

图 3.4　空间电压矢量分区及合成

式(3.31)中，T_1、T_2 为 V_1、V_2

在一个开关周期中持续的时间，T_s 为开关周期，$T_{0,7}$ 为零矢量的插入时间，且满足式(3.32)。

$$\begin{cases} T_1 + T_2 + T_{0,7} = T_s \\ T_1 = mT_s\sin\left(\dfrac{\pi}{3} - \theta\right), \quad T_2 = mT_s\sin\theta \end{cases} \quad (3.32)$$

式(3.32)中，$m = \dfrac{\sqrt{3}}{v_{dc}}|V^*|$ 为调制系数。在每个调制周期内，为使逆变器输出波形对称，把每个基本矢量的作用时间都一分为二，同时两个零矢量作用时间相同，如图 3.5 所示[136]。

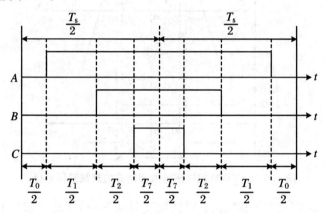

图 3.5　第一扇区 SVPWM 输出波形

由图 3.5 可得到 A、B、C 三相的脉宽时间如下：

$$T_A = T_1 + T_2 + T_7, \quad T_B = T_2 + T_7, \quad T_C = T_7 \quad (3.33)$$

将式(3.32)代入式(3.33)可得

$$T_A = \frac{T_s\left(1 + m\sin\left(\dfrac{\pi}{3} - \theta\right) + m\sin\theta\right)}{2},$$

$$T_B = \frac{T_s\left(1 - m\sin\left(\dfrac{\pi}{3} - \theta\right) + m\sin\theta\right)}{2},$$

$$T_C = \frac{T_s\left(1 - m\sin\left(\dfrac{\pi}{3} - \theta\right) - m\sin\theta\right)}{2} \quad (3.34)$$

当采用 PWM 规则采样法时，如图 3.6 所示，脉宽时间可以用下式求出：

$$T = \frac{T_s}{2}\left[1 + \frac{u_r(t)}{U_{tm}}\right] \quad (3.35)$$

式(3.35)中，$u_r(t)$ 为调制波函数，U_{tm} 为三角载波的幅值，在已知脉宽时间 T，并设三角载波幅值为 1 时，可求得载波函数为

$$u_r(t) = \frac{2T}{T_s} - 1 \quad (3.36)$$

联合式(3.34)和式(3.36)可得到参考电压矢量位于第Ⅰ扇区时的调制函数如下：

$$u_{ao} = m\cos\left(\theta - \frac{\pi}{6}\right), \quad u_{bo} = \sqrt{3}\,m\sin\left(\theta - \frac{\pi}{6}\right), \quad u_{co} = -m\cos\left(\theta - \frac{\pi}{6}\right)$$

$$(3.37)$$

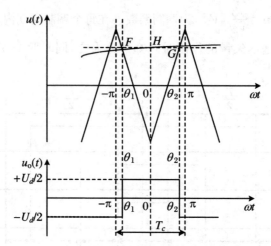

图 3.6　SVPWM 相电压等效调制波的规则采样分析

当参考电压矢量以角速度 ω 在空间旋转时，$\theta = \omega t$，因此三相相电压调制函数如下：

$$u_{ao} = m\cos\left(\omega t - \frac{\pi}{6}\right), \quad u_{bo} = \sqrt{3}\,m\sin\left(\omega t - \frac{\pi}{6}\right), \quad u_{co} = -m\cos\left(\omega t - \frac{\pi}{6}\right)$$

$$(3.38)$$

同理可得参考电压矢量位于其他扇区时三相电压调制函数，以 a 相为例，其等效的相电压调制波标幺值函数如式(3.39)所示[137-139]：

$$u'_{ao}(t) = \begin{cases} m\cos\left(\theta - \dfrac{\pi}{6}\right), & 0 \leqslant \theta < \dfrac{\pi}{3}, \pi \leqslant \theta < \dfrac{4\pi}{3} \\[2mm] \sqrt{3}\,m\cos\theta, & \dfrac{\pi}{3} \leqslant \theta < \dfrac{2\pi}{3}, \dfrac{4\pi}{3} \leqslant \theta < \dfrac{5\pi}{3} \\[2mm] m\cos\left(\theta + \dfrac{\pi}{6}\right), & \dfrac{2\pi}{3} \leqslant \theta < \pi, \dfrac{5\pi}{3} \leqslant \theta < 2\pi \end{cases} \quad (3.39)$$

考虑到式(3.39)的调制波分段函数，可得到 SVPWM 脉冲在 6 个区间的开关时间如下：

$$
\begin{cases}
\theta_1 = -\dfrac{\pi}{2} - \dfrac{\pi}{2}m\cos\left(\omega_s t - \dfrac{\pi}{6}\right), \\[2mm]
\theta_2 = \dfrac{\pi}{2} + \dfrac{\pi}{2}m\cos\left(\omega_s t - \dfrac{\pi}{6}\right), \\[2mm]
\theta'_1 = -\dfrac{\pi}{2} - \dfrac{\pi}{2}m\cos\left(\omega_s t\right), \\[2mm]
\theta'_2 = \dfrac{\pi}{2} + \dfrac{\pi}{2}m\cos\left(\omega_s t\right), \\[2mm]
\theta''_1 = -\dfrac{\pi}{2} - \dfrac{\pi}{2}m\cos\left(\omega_s t + \dfrac{\pi}{6}\right), \\[2mm]
\theta''_2 = \dfrac{\pi}{2} + \dfrac{\pi}{2}m\cos\left(\omega_s t + \dfrac{\pi}{6}\right),
\end{cases}
\quad
\begin{aligned}
& 0 \leqslant \theta < \dfrac{\pi}{3}, \pi \leqslant \theta < \dfrac{4\pi}{3} \\[3mm]
& \dfrac{\pi}{3} \leqslant \theta < \dfrac{2\pi}{3}, \dfrac{4\pi}{3} \leqslant \theta < \dfrac{5\pi}{3} \\[3mm]
& \dfrac{2\pi}{3} \leqslant \theta < \pi, \dfrac{5\pi}{3} \leqslant \theta < 2\pi
\end{aligned}
\tag{3.40}
$$

根据以上的分段函数及其开关时间,可写出二重傅里叶级数的复数形式如式(3.41)所示:

$$
A_{nk} + jB_{nk} = \frac{1}{\pi^2}
\begin{cases}
\displaystyle\int_0^{\pi/3}\int_{-\pi}^{\pi} \frac{U^*}{U_d/2}e^{-j(k\omega_s t + n\theta_c)t}\,d\theta_c\,d(\omega_s t) \\[3mm]
+ \displaystyle\int_{\pi/3}^{2\pi/3}\int_{-\pi}^{\pi} \frac{U^*}{U_d/2}e^{-j(k\omega_s t + n\theta'_c)t}\,d\theta'_c\,d(\omega_s t) \\[3mm]
+ \displaystyle\int_{2\pi/3}^{\pi}\int_{-\pi}^{\pi} \frac{U^*}{U_d/2}e^{-j(k\omega_s t + n\theta''_c)t}\,d\theta''_c\,d(\omega_s t) \\[3mm]
+ \displaystyle\int_{\pi}^{4\pi/3}\int_{-\pi}^{\pi} \frac{U^*}{U_d/2}e^{-j(k\omega_s t + n\theta_c)t}\,d\theta_c\,d(\omega_s t) \\[3mm]
+ \displaystyle\int_{4\pi/3}^{5\pi/3}\int_{-\pi}^{\pi} \frac{U^*}{U_d/2}e^{-j(k\omega_s t + n\theta'_c)t}\,d\theta'_c\,d(\omega_s t) \\[3mm]
+ \displaystyle\int_{5\pi/3}^{2\pi}\int_{-\pi}^{\pi} \frac{U^*}{U_d/2}e^{-j(k\omega_s t + n\theta''_c)t}\,d\theta''_c\,d(\omega_s t)
\end{cases}
\tag{3.41}
$$

式(3.41)中,$\theta_c = \omega_c t$,$\theta_c \in [\theta_1, \theta_2]$,$\theta'_c \in [\theta'_1, \theta'_2]$,$\theta''_c \in [\theta''_1, \theta''_2]$。对式(3.40)按照二重傅里叶级数展开并利用贝塞尔公式进行化简可得

$$
A_{nk} + jB_{nk}
$$

$$
= \frac{4MU_d}{n\pi^2} \left\{
\begin{aligned}
& \frac{\pi}{6}\sin\left[(n+k)\frac{\pi}{2}\right]\left[J_k\left(n\frac{3\pi}{4}\right) + 2\cos\left(k\frac{\pi}{6}\right)J_k\left(n\frac{\sqrt{3}\pi}{4}\right)\right] \\
& + M\frac{1}{k}\sin\left(n\frac{\pi}{6}\right)\cos\left(k\frac{\pi}{6}\right)\sin\left(k\frac{\pi}{6}\right)\left[J_0\left(n\frac{3\pi}{4}\right) - J_0\left(n\frac{\sqrt{3}\pi}{4}\right)\right] \\
& + \sum_{\substack{i=1 \\ (i \ne k)}}^{\infty}\left[\frac{1}{k+i}\sin\left[(n+i)\frac{\pi}{2}\right]\cos\left[(i+k)\frac{\pi}{2}\right]\right. \\
& \left. \cdot \sin\left[(i+k)\frac{\pi}{6}\right]\left[MJ_i\left(n\frac{3\pi}{4}\right) + 2\cos\left[(3i+2k)\frac{\pi}{6}\right]\right]J_i\left(n\frac{\sqrt{3}\pi}{4}\right)\right] \\
& + \sum_{\substack{i=1 \\ (i \ne k)}}^{\infty}\left[\frac{1}{k-i}\sin\left[(n+i)\frac{\pi}{2}\right]\cos\left[(-i+k)\frac{\pi}{2}\right]\sin\left[(-i+k)\frac{\pi}{6}\right]\right. \\
& \left. \cdot \left[MJ_i\left(n\frac{3\pi}{4}\right) + 2\cos\left[(-3i+2k)\frac{\pi}{6}\right]\right]J_i\left(n\frac{\sqrt{3}\pi}{4}\right)\right]
\end{aligned}
\right\}
$$

$$\tag{3.42}$$

式中，$M = \dfrac{2m}{\sqrt{3}} = \dfrac{2|V^*|}{v_{dc}}$ 为相电压相对于载波的调制深度，k 为基波频率的倍数，n 为开关频率的倍数。因此可以写出 A 相桥臂的 SVPWM 二重傅里叶级数输出如下：

$$u_{ao} = \sum_{n=1}^{\infty}\sum_{k=-\infty}^{\infty}(A_{nk} + \mathrm{j}B_{nk})\cos\left[n(\omega_c t) + k(\omega_s t)\right] \tag{3.43}$$

同理，根据 A、B、C 三相电压对称关系可以写出 B、C 相桥臂的 SVPWM 二重傅里叶级数输出如下：

$$u_{bo} = \sum_{n=1}^{\infty}\sum_{k=-\infty}^{\infty}(A_{nk} + \mathrm{j}B_{nk})\cos\left[n(\omega_c t) + k(\omega_s t) - \frac{2k\pi}{3}\right] \tag{3.44}$$

$$u_{co} = \sum_{n=1}^{\infty}\sum_{k=-\infty}^{\infty}(A_{nk} + \mathrm{j}B_{nk})\cos\left[n(\omega_c t) + k(\omega_s t) + \frac{2k\pi}{3}\right] \tag{3.45}$$

线电压的 SVPWM 二重傅里叶级数输出如下：

$$
\begin{aligned}
u_{ab} &= u_{ao} - u_{bo} \\
&= \sum_{n=1}^{\infty}\sum_{k=-\infty}^{\infty}(A_{nk} + \mathrm{j}B_{nk})\sin\frac{k\pi}{3}\cos\left[n(\omega_c t) + k(\omega_s t) - \frac{k\pi}{3} + \frac{\pi}{2}\right]
\end{aligned}
\tag{3.46}
$$

根据式(3.46)得出线电压 SVPWM 输出的谐波分量中不含基波三次谐波及其倍数次谐波，即通常所说的低次谐波，不含开关频率次谐波及其倍数次谐波，主要谐波分量集中于开关频率及其倍频附近的边频带上，频域较高。

图 3.7 为基于三相全桥逆变电路的 SVPWM 输出仿真结果，模型中利用 S 函数实现了 SVPWM 调制算法，并产生开关触发脉冲。在线性调制下开关频率 f_c 设定为 10 kHz、20 kHz、50 kHz 时，相电压和线电压 SVPWM 输出频谱仿真波形对比发现，开关频率升高时，抛去基波幅值降低的因素，输出谐波总量其实基本恒定，

谐波分布向高频迁移,分布规律与分析的结论相符合。

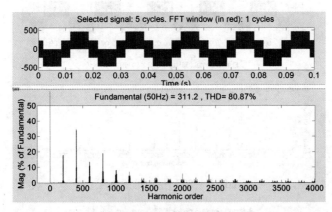

(a) $f_c = 10$ kHz 时的相电压

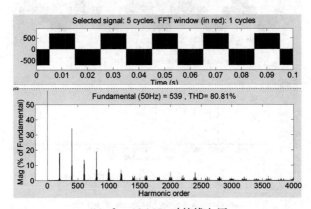

(b) $f_c = 10$ kHz 时的线电压

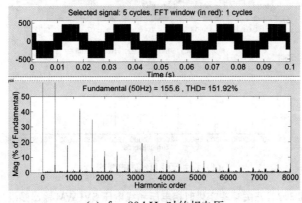

(c) $f_c = 20$ kHz 时的相电压

图 3.7　开关频率变化时相电压和线电压 SVPWM 输出频谱分析

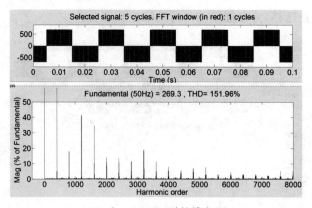

（d）$f_c = 20$ kHz 时的线电压

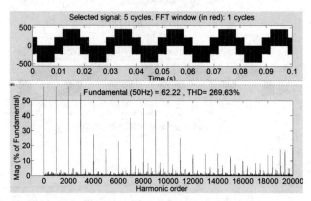

（e）$f_c = 50$ kHz 时的相电压

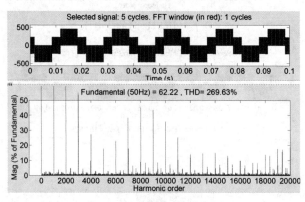

（f）$f_c = 50$ kHz 时的线电压

续图 3.7　开关频率变化时相电压和线电压 SVPWM 输出频谱分析

3.1.2　死区效应及其频谱分析

由于逆变器主电路中的功率开关元件不是理想器件,在关断时,要经历关断时间 t_{off} 之后,器件才能进入稳态截止,完成关断过程的转换;在开通时,也要经历开通时间 t_{on},才能完成开通过程的转换。而且开通时间 t_{on} 往往小于关断时间 t_{off},很容易发生同一桥臂上、下两只开关管同时导通的短路故障,为了避免这种"直通"故障,必须在其驱动信号中设置一段死区时间 t_d。通常并网逆变器死区时间 t_d 仅为 $3 \sim 10 \, \mu s$,占开关周期的百分之几,单个脉冲不足以影响系统的性能,但一个基波周期内频繁开关而累积的死区效应则足以对输出电压和输出电流波形造成很大的影响,且随着开关频率提高,死区累积效应也越发严重。为简化分析,以逆变器的一个桥臂为例,假设电流 i 流出桥臂为正、流入桥臂为负,具体如图 3.8 所示。

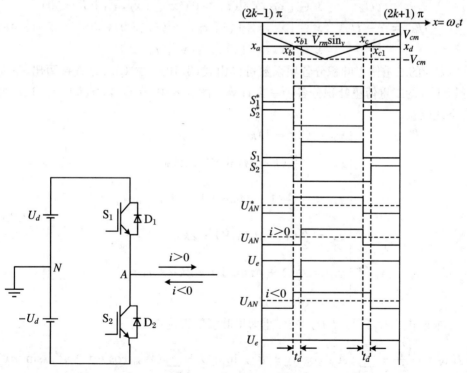

图 3.8　死区机理分析图

无死区时,正弦调制波和三角载波交点为 x_b、x_c,逆变器输出电压为 U_{AN}^*;有死区时,正弦调制波和三角载波交点为 x_{b1}、x_{c1},逆变器输出电压为 U_{AN}。忽略开关管通态管压降和开关时间的影响,在死区时间 t_d 内,同一桥臂的两个开关管均处于关断状态,输出电流只能通过二极管续流,桥臂输出电压只与输出电流极性有关,而与驱动信号的控制逻辑无关。当 $i>0$ 时,二极管 D_2 续流,桥臂输出电压

U_{AN} 为负母线电压 $-U_d$；反之，当 $i<0$ 时，二极管 D_1 续流，桥臂输出电压 U_{AN} 为正母线电压 U_d。实际输出电压 U_{AN} 相比理想输出电压 U_{AN}^* 出现了一个误差电压 U_e，即 $U_e = U_{AN} - U_{AN}^*$。误差电压 U_e 具有以下特征：① U_e 为脉冲电压，存在于每个开关周期，幅值等于 U_{dc}，脉冲宽度与死区时间相同，为 t_d。② U_e 出现在开关管换相瞬间，极性与桥臂输出电流 i 极性相反，$i>0$ 时 U_e 出现在输出电压上升沿；$i<0$ 时，U_e 出现在输出电压下降沿。③ U_e 的基波分量与电流 i 的基波分量极性相反[140,141]。

为了得到更准确的死区谐波频谱分布结论，可以采用二重傅里叶积分分析方法。在有死区情况下，误差电压 $U_e = U_{AN} - U_{AN}^*$。图 3.8 中，U_{AN}^* 和 U_{AN} 在各区间取值如式(3.47)和式(3.48)所示：

$$U_{AN}^* = \begin{cases} U_d, & x \in [x_b, x_c] \\ -U_d, & x \in [x_a, x_b] \bigcup [x_c, x_d] \end{cases} \tag{3.47}$$

$$U_{AN} = \begin{cases} U_d, & x \in [x_{b1}, x_c](i_a > 0), x \in [x_b, x_{c1}](i_a < 0) \\ -U_d, & x \in [x_a, x_{b1}] \bigcup [x_c, x_d](i_a > 0), \\ & x \in [x_a, x_b] \bigcup [x_{c1}, x_d](i_a < 0) \end{cases} \tag{3.48}$$

U_{AN}^* 的二重傅里叶积分各项系数可以由式(3.10)～式(3.14)直接写出，下面分析 U_{AN} 的二重傅里叶积分各项系数计算。图 3.8 中，在点 a、b、$b1$、c、$c1$、d 处有下式成立：

$$\begin{cases} x_a = (2k-1)\pi \\ x_b = -\dfrac{\pi}{2}(1 + M\sin Y) + 2k\pi \\ x_{b1} = -\dfrac{\pi}{2}(1 + M\sin Y) + 2k\pi + \omega_c t_d \\ x_c = \dfrac{\pi}{2}(1 + M\sin Y) + 2k\pi \\ x_{c1} = \dfrac{\pi}{2}(1 + M\sin Y) + 2k\pi + \omega_c t_d \\ x_d = (2k+1)\pi \end{cases} \tag{3.49}$$

根据式(3.2)可写出 U_{AN} 的二重傅里叶级数表达式如下：

$$\begin{cases} U_{AN} = \dfrac{A'_{00}}{2} + \sum_{n=1}^{\infty}(A'_{0n}\cos ny + B'_{0n}\sin ny) + \sum_{m=1}^{\infty}(A'_{m0}\cos mx + B'_{m0}\sin mx) \\ \qquad + \sum_{m=1}^{\infty}\sum_{n=-\infty}^{\infty}[A'_{mn}\cos(mx+ny) + B'_{mn}\sin(mx+ny)] \\ A'_{mn} + jB'_{mn} = \dfrac{1}{2\pi^2}\int_{-\pi}^{\pi}\int_{-\pi}^{\pi} U_{AN}e^{j(mx+ny)}\mathrm{d}x\mathrm{d}y \end{cases} \tag{3.50}$$

式(3.50)中，各分量系数计算如下：

直流分量部分对应 $m=n=0$,其傅里叶系数计算公式为

$$A'_{00} + jB'_{00} = \frac{1}{2\pi^2}\int_{-\pi}^{\pi}\int_{-\pi}^{\pi} U_{AN}dxdy = \frac{U_d}{4\pi^2}\int_{-\pi}^{\pi}\left(-\int_{x_a}^{x_b} + \int_{x_{b1}}^{x_c} - \int_{x_{c1}}^{x_d}\right)dxdy$$

$$= \frac{U_d}{2\pi^2}\int_{-\pi}^{\pi}\left[(x_a - x_d) + 2(x_c - x_b - \mathrm{sign}(i_a)(\omega_c T_d))\right]dy$$

$$= A_{00} + jB_{00} - \frac{U_d}{4\pi^2}\int_{-\pi}^{\pi}\left[2\mathrm{sign}(i_a)(\omega_c T_d)\right]dy$$

$$(3.51)$$

基波分量部分对应 $m=0,n>0$,其傅里叶系数计算公式为

$$A'_{0n} + jB'_{0n} = \frac{1}{2\pi^2}\int_{-\pi}^{\pi}\int_{-\pi}^{\pi} U_{AN}e^{jny}dxdy$$

$$= \frac{U_d}{4\pi^2}\int_{-\pi}^{\pi}e^{jny}\left(-\int_{x_a}^{x_b} + \int_{x_{b1}}^{x_c} - \int_{x_{c1}}^{x_d}\right)dxdy$$

$$= \frac{U_d}{2\pi^2}\int_{-\pi}^{\pi}e^{jny}\left[(x_a - x_d) + 2(x_c - x_b - \mathrm{sign}(i_a)(\omega_c T_d))\right]dy$$

$$= \frac{U_d}{2\pi^2}\int_{-\pi}^{\pi}e^{jny}(2\pi M\sin y)dy - \frac{U_d}{4\pi^2}\int_{-\pi}^{\pi}2e^{jny}\mathrm{sign}(i_a)(\omega_c T_d)dy$$

$$= \frac{U_d}{2\pi^2}\left[2\pi M\int_{-\pi}^{\pi}\frac{\sin(n+1)y - \sin(n-1)y}{2}dy\right.$$

$$\left. - j2\pi M\int_{-\pi}^{\pi}\frac{\cos(n+1)y - \cos(n-1)y}{2}dy\right]$$

$$- \frac{U_d}{2\pi^2}\int_{-\pi}^{\pi}2e^{jny}\mathrm{sign}(i_a)(\omega_c T_d)dy$$

$$= A_{0n} + jB_{0n} - \frac{U_d}{2\pi^2}\int_{-\pi}^{\pi}2e^{jny}\mathrm{sign}(i_a)(\omega_c T_d)dy$$

$$(3.52)$$

载波谐波分量部分对应 $m>0,n=0$,其傅里叶系数计算公式如下:

$$A'_{m0} + jB'_{m0}$$

$$= \frac{1}{2\pi^2}\int_{-\pi}^{\pi}\int_{-\pi}^{\pi} U_{AN}e^{jmx}dxdy = \frac{U_d}{\pi^2}\int_{-\pi}^{\pi}e^{jmx}\left(-\int_{x_a}^{x_b} + \int_{x_{b1}}^{x_c} - \int_{x_{c1}}^{x_d}\right)dxdy$$

$$
\begin{aligned}
=\begin{cases}
\dfrac{U_d}{jm\pi^2}\displaystyle\int_{-\pi}^{\pi}\left[-2\sin\dfrac{m(x_c-x_b)}{2}\sin\dfrac{m(x_c+x_b)}{2}\right.\\
\quad\left.+j2\cos\dfrac{m(x_c+x_b)}{2}\sin\dfrac{m(x_c-x_b)}{2}\right]dy-\mathrm{sign}(i_a)\quad(i_{ao}>0)\\
\quad\cdot\dfrac{U_d}{jm\pi^2}(e^{jm\omega_cT_d}-1)\displaystyle\int_{-\pi}^{\pi}e^{jmx_b}\,dy\\[4pt]
\dfrac{U_d}{jm\pi^2}\displaystyle\int_{-\pi}^{\pi}\left[-2\sin\dfrac{m(x_c-x_b)}{2}\sin\dfrac{m(x_c+x_b)}{2}\right.\\
\quad\left.+j2\cos\dfrac{m(x_c+x_b)}{2}\sin\dfrac{m(x_c-x_b)}{2}\right]dy-\mathrm{sign}(i_a)\\
\quad\cdot\dfrac{U_d}{jm\pi^2}(e^{jm\omega_cT_d}-1)\displaystyle\int_{-\pi}^{\pi}e^{jmx_c}\,dy\quad(i_{ao}<0)
\end{cases}\\[6pt]
=\begin{cases}
A_{m0}+jB_{m0}-\mathrm{sign}(i_a)\cdot\dfrac{U_d}{jm\pi^2}(e^{jm\omega_cT_d}-1)\displaystyle\int_{-\pi}^{\pi}e^{jmx_b}\,dy\quad(i_{ao}>0)\\[6pt]
A_{m0}+jB_{m0}-\mathrm{sign}(i_a)\cdot\dfrac{U_d}{jm\pi^2}(e^{jm\omega_cT_d}-1)\displaystyle\int_{-\pi}^{\pi}e^{jmx_c}\,dy\quad(i_{ao}<0)
\end{cases}
\end{aligned}
\tag{3.53}
$$

载波边带谐波分量部分对应 $m>0,n\neq0$,其傅里叶系数计算公式为

$$
\begin{aligned}
A'_{mn}+jB'_{mn}&=\frac{1}{2\pi^2}\int_{-\pi}^{\pi}\int_{-\pi}^{\pi}U_{AN}e^{j(mx+ny)}\,dxdy=\frac{U_d}{\pi^2}\int_{-\pi}^{\pi}e^{jny}\\
&\quad\cdot e^{jmx}\left(-\int_{x_a}^{x_b}+\int_{x_{b1}}^{x_c}-\int_{x_{c1}}^{x_d}\right)dxdy
\end{aligned}
$$

$$
=\begin{cases}
\dfrac{U_d}{jm\pi^2}\displaystyle\int_{-\pi}^{\pi}e^{jny}\left[-2\sin\dfrac{m(x_c-x_b)}{2}\sin\dfrac{m(x_c+x_b)}{2}\right.\\
\quad\left.+j2\cos\dfrac{m(x_c+x_b)}{2}\sin\dfrac{m(x_c-x_b)}{2}\right]dy\\
\quad-\dfrac{U_d}{jm\pi^2}\displaystyle\int_{-\pi}^{\pi}e^{jny}(e^{jmx_{b1}}-e^{jmx_b})\,dy\quad(i_{ao}>0)\\[4pt]
\dfrac{U_d}{jm\pi^2}\displaystyle\int_{-\pi}^{\pi}e^{jny}\left[-2\sin\dfrac{m(x_c-x_b)}{2}\sin\dfrac{m(x_c+x_b)}{2}\right.\\
\quad\left.+j2\cos\dfrac{m(x_c+x_b)}{2}\sin\dfrac{m(x_c-x_b)}{2}\right]dy\\
\quad-\dfrac{U_d}{jm\pi^2}\displaystyle\int_{-\pi}^{\pi}e^{jny}(e^{jmx_{c1}}-e^{jmx_c})\,dy\quad(i_{ao}<0)
\end{cases}
$$

$$
=\begin{cases}
A_{mn}+jB_{mn}-\dfrac{U_d}{jm\pi^2}\displaystyle\int_{-\pi}^{\pi}e^{jny}(e^{jmx_{b1}}-e^{jmx_b})\,dy\quad(i_{ao}>0)\\[6pt]
A_{mn}+jB_{mn}-\dfrac{U_d}{jm\pi^2}\displaystyle\int_{-\pi}^{\pi}e^{jny}(e^{jmx_{c1}}-e^{jmx_c})\,dy\quad(i_{ao}<0)
\end{cases}
\tag{3.54}
$$

再根据式(3.2)可写出 U_e 的二重傅里叶级数表达式如下:

$$
\begin{cases}
U_e = \dfrac{A''_{00}}{2} + \displaystyle\sum_{n=1}^{\infty}(A''_{0n}\cos ny + B''_{0n}\sin ny) + \sum_{m=1}^{\infty}(A''_{m0}\cos mx + B''_{m0}\sin mx) \\[2mm]
\qquad + \displaystyle\sum_{m=1}^{\infty}\sum_{n=-\infty}^{\infty}\big[A''_{mn}\cos(mx+ny) + B''_{mn}\sin(mx+ny)\big] \\[2mm]
A''_{mn} + jB''_{mn} = \dfrac{1}{2\pi^2}\displaystyle\int_{-\pi}^{\pi}\int_{-\pi}^{\pi}U_e e^{j(mx+ny)}\,dx\,dy
\end{cases}
$$

$$(3.55)$$

综合式(3.10)~式(3.14)以及式(3.51)~式(3.54)即可得到 U_e 的二重傅里叶级数各项系数计算如下：

直流分量部分对应 $m = n = 0$，其傅里叶系数计算如式(3.56)所示：

$$
A''_{00} + jB''_{00} = (A'_{00} + jB'_{00}) - (A_{00} + jB_{00})
$$
$$
= -\frac{U_d}{4\pi^2}\int_{-\pi}^{\pi}\big[2\mathrm{sign}(i_a)(\omega_c T_d)\big]\,dy \tag{3.56}
$$

基波分量部分对应 $m = 0, n > 0$，其傅里叶系数计算如式(3.57)所示：

$$
A''_{00} + jB''_{00} = (A'_{00} + jB'_{00}) - (A_{00} + jB_{00})
$$
$$
= -\frac{U_d}{2\pi^2}\int_{-\pi}^{\pi}2e^{jny}\,\mathrm{sign}(i_a)(\omega_c T_d)\,dy \tag{3.57}
$$

载波谐波分量部分对应 $m > 0, n = 0$，其傅里叶系数计算如式(3.58)所示：

$$
A''_{00} + jB''_{00} = (A'_{00} + jB'_{00}) - (A_{00} + jB_{00})
$$
$$
= \begin{cases}
-\mathrm{sign}(i_a)\cdot\dfrac{U_d}{jm\pi^2}(e^{jm\omega_c T_d} - 1)\displaystyle\int_{-\pi}^{\pi}e^{jmx_b}\,dy & (i_{ao} > 0) \\[3mm]
-\mathrm{sign}(i_a)\cdot\dfrac{U_d}{jm\pi^2}(e^{jm\omega_c T_d} - 1)\displaystyle\int_{-\pi}^{\pi}e^{jmx_c}\,dy & (i_{ao} < 0)
\end{cases} \tag{3.58}
$$

载波边带谐波分量部分对应 $m > 0, n \ne 0$，其傅里叶系数计算如式(3.59)所示：

$$
A''_{00} + jB''_{00} = (A'_{00} + jB'_{00}) - (A_{00} + jB_{00})
$$
$$
= \begin{cases}
-\dfrac{U_d}{jm\pi^2}\displaystyle\int_{-\pi}^{\pi}e^{jny}(e^{jmx_{b1}} - e^{jmx_b})\,dy & (i_{ao} > 0) \\[3mm]
-\dfrac{U_d}{jm\pi^2}\displaystyle\int_{-\pi}^{\pi}e^{jny}(e^{jmx_{c1}} - e^{jmx_c})\,dy & (i_{ao} < 0)
\end{cases} \tag{3.59}
$$

综合分析式(3.56)~式(3.59)，对比发现 U_e 经过二重傅里叶级数分解以后，其直流分量占主要部分，高频谐波部分含量较少，因此可以将其直流部分直接等效为方波，该方波在半个基波周期内的平均值为

$$
\overline{U}_e = \mathrm{sign}(i)2f_s T_d U_d \tag{3.60}
$$

可见死区误差电压平均值与开关频率 f_s、死区 T_d 及直流电压 U_d 成正比。当逆变器以单位功率因数运行时，等效方波经傅里叶级数分解得

$$
\overline{U}_e(t) = \frac{4f_s T_d U_d}{\pi}\Big[\cos(\omega t - \varphi) - \frac{1}{3}\cos 3(\omega t - \varphi) + \frac{1}{5}\cos 5(\omega t - \varphi) - \cdots\Big]
$$

$$(3.61)$$

误差电压 U_e 经谐波分解后只含有奇次谐波,且低次谐波占主要部分,各次奇次谐波幅值均与 f_s、T_d、U_d 成正比,而与谐波次数成反比。因此为减小 U_e 产生谐波的影响,当 U_d 一定时,应尽量减小 f_s、T_d;当 f_s 一定时,应尽量减小 T_d,也可以进行补偿控制消除死区 T_d 的不良影响,但必须确保桥臂的上、下开关管不发生直通现象。

通过上述分析可知,对于光伏并网逆变器,其产生的谐波主要包括低次谐波和高次谐波。低次谐波主要与系统的死区设置、采样延迟、控制参数设置以及外部扰动等因素有关。高次谐波主要由 PWM 调制引起,随着逆变器功率的增加,开关频率的降低,所产生的高次谐波污染越严重。在光伏多机接入系统中,同频率次的谐波被叠加放大,已经开始影响到配网中其他设备的正常运行。

3.2　变压器的非线性特性引起的谐波分析

变压器是分布式光伏并网系统中的重要元件,同时也是系统主要的谐波源之一。影响变压器非线性特性的因素很复杂,一般包括以下几个方面:① 铁芯结构与绕组接线方式的影响;② 铁芯损耗的影响;③ 铁芯的饱和特性和磁滞的影响;④ 集肤效应和邻近效应的影响;⑤ 漏磁通的影响;⑥ 电容效应的影响。在暂态过程中,变压器饱和时的合闸涌流可达额定电流的 6~8 倍,这种涌流含有很大的非周期分量和谐波分量。在稳态过程中,变压器的铁芯饱和以及铁芯损耗是产生谐波的主要原因,励磁电流中的 3、5 和 7 次谐波分量会引起电流的严重畸变。实际分析过程中,一般针对所要进行分析计算的目的,抓住非线性特性因素中的主要因素而忽略次要因素进行谐波输出特性分析。

3.2.1　单相变压器输出谐波特性分析

单相变压器的物理模型如图 3.9 所示。

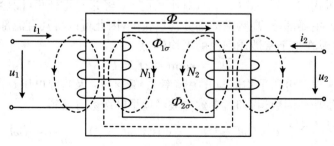

图 3.9　单相变压器物理模型

与此相对应的电路和磁路方程为

$$U_1 = i_1 r_1 + L_{1\sigma}\frac{\mathrm{d}i_1}{\mathrm{d}t} + E_1, \quad U_2 = i_2 r_2 + L_{2\sigma}\frac{\mathrm{d}i_2}{\mathrm{d}t} + E_2 \tag{3.62}$$

$$H = BA, \quad B = f(H) \tag{3.63}$$

$$N_1 i_1 + N_2 i_2 = Hl \tag{3.64}$$

$$E_1 = N_1\frac{\mathrm{d}H}{\mathrm{d}t}, \quad E_2 = N_2\frac{\mathrm{d}H}{\mathrm{d}t} \tag{3.65}$$

式中，r_1 和 r_2、$L_{1\sigma}$ 和 $L_{2\sigma}$、N_1 和 N_2 分别表示原、副边绕组的电阻、漏感和匝数；E_1、E_2 分别表示原、副边绕组的感应电势；B、H 和 Φ 分别为变压器铁芯中的磁感应强度、磁场强度和磁通；A、L 分别为铁芯的有效横截面积和磁路长度。将式(3.64)等号两边同时除以 N_1，则有

$$i_1 + \frac{N_2}{N_1}i_2 = \frac{Hl}{N_1} = i_m \tag{3.66}$$

式(2.67)中 i_m 称为变压器的激磁电流，其与变压器的物理参数、磁化曲线和感应电动势有关。根据式(3.66)可以得出单相变压器的输出谐波特性模型。显然，变压器的电路和磁路可分开考虑，原、副边电路通过含激磁电流源的理想变压器联接起来。对于某一谐波频率而言，绕组电阻 r_1、r_2 和漏感 $L_{1\sigma}$、$L_{2\sigma}$ 都具有特定的值，因此只要计算出激磁电流并用谐波电流源表示，就可建立变压器的输出谐波特性模型，如图 3.10 所示。

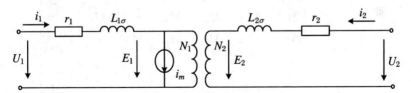

图 3.10　单相变压器谐波模型

3.2.2　三相变压器输出谐波特性分析

图 3.11 是计及零序磁通回路的三相三芯柱变压器物理模型。

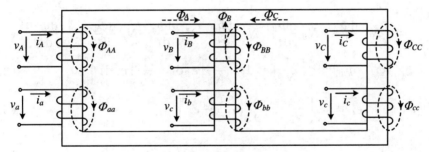

图 3.11　三相三芯柱变压器物理模型

图 3.11 中，Φ_A、Φ_B、Φ_C 分别为三相变压器的激磁主磁通；Φ_{AA}、Φ_{BB}、Φ_{CC} 分别为三相变压器原方自漏磁通；Φ_0 表示三相变压器对箱壁和气隙的漏磁通，在等效磁路中用零序回路模拟且不计其饱和的影响。应该指出的是，三相变压器模型共有 12 个互漏磁通，为清楚起见，图中没有一一标出。完整的变压器谐波模型可分成两部分：电路方程和磁路方程，二者之间通过两组接口方程联系起来。其中电路方程如下：

$$
\begin{bmatrix} v_A \\ v_B \\ v_C \\ v_a \\ v_b \\ v_c \end{bmatrix} = \begin{bmatrix} e_A \\ e_B \\ e_C \\ e_a \\ e_b \\ e_c \end{bmatrix} + \begin{bmatrix} r_A & 0 & 0 & 0 & 0 & 0 \\ 0 & r_B & 0 & 0 & 0 & 0 \\ 0 & 0 & r_C & 0 & 0 & 0 \\ 0 & 0 & 0 & r_a & 0 & 0 \\ 0 & 0 & 0 & 0 & r_b & 0 \\ 0 & 0 & 0 & 0 & 0 & r_c \end{bmatrix} \begin{bmatrix} i_A \\ i_B \\ i_C \\ i_a \\ i_c \\ i_c \end{bmatrix}
$$

$$
+ \begin{bmatrix} L_A & M_{AB} & M_{AC} & M_{Aa} & M_{Ab} & M_{A6} \\ M_{BA} & L_B & M_{BC} & M_{Ba} & M_{Bb} & M_{Bc} \\ M_{CA} & M_{CB} & L_C & M_{Ca} & M_{Cb} & M_{Cc} \\ M_{aA} & M_{aB} & M_{aC} & L_a & M_{ab} & M_{ac} \\ M_{bA} & M_{bB} & M_{bC} & M_{ba} & L_b & M_{bc} \\ M_{cA} & M_{cB} & M_{cC} & M_{ca} & M_{cb} & L_c \end{bmatrix} \begin{bmatrix} \dfrac{\mathrm{d}i_A}{\mathrm{d}t} \\[2mm] \dfrac{\mathrm{d}i_B}{\mathrm{d}t} \\[2mm] \dfrac{\mathrm{d}i_C}{\mathrm{d}t} \\[2mm] \dfrac{\mathrm{d}i_a}{\mathrm{d}t} \\[2mm] \dfrac{\mathrm{d}i_b}{\mathrm{d}t} \\[2mm] \dfrac{\mathrm{d}i_c}{\mathrm{d}t} \end{bmatrix} \tag{3.67}
$$

式中，e_i 为绕组的感应电动势，且有 $e_i = N_i \dfrac{\mathrm{d}\Phi_i}{\mathrm{d}t}$；$r_i$ 为线圈电阻；L_i 为各个线圈的自漏感；M_{ij} 为各个线圈之间的互漏感（$i,j = A,B,C,a,b,c$）。

依据三相变压器原、副边感应电势与激磁磁通之间的关系即可建立电磁接口方程如下：

$$
\begin{bmatrix} e_A & e_B & e_C & e_a & e_b & e_c \end{bmatrix}^{\mathrm{T}}
$$
$$
= \begin{bmatrix} N_A \dfrac{\mathrm{d}\Phi_A}{\mathrm{d}t} & N_B \dfrac{\mathrm{d}\Phi_B}{\mathrm{d}t} & N_B \dfrac{\mathrm{d}\Phi_C}{\mathrm{d}t} & N_a \dfrac{\mathrm{d}\Phi_a}{\mathrm{d}t} & N_b \dfrac{\mathrm{d}\Phi_b}{\mathrm{d}t} & N_c \dfrac{\mathrm{d}\Phi_c}{\mathrm{d}t} \end{bmatrix}^{\mathrm{T}} \tag{3.68}
$$

$$
\begin{bmatrix} \Phi_1 & \Phi_2 & \Phi_3 \end{bmatrix}^{\mathrm{T}} = \begin{bmatrix} \dfrac{1}{N_A}\displaystyle\int e_A \mathrm{d}t & \dfrac{1}{N_B}\displaystyle\int e_B \mathrm{d}t & \dfrac{1}{N_C}\displaystyle\int e_C \mathrm{d}t \end{bmatrix}^{\mathrm{T}} \tag{3.69}
$$

$$
\begin{bmatrix} e_A & e_B & e_C \end{bmatrix}^{\mathrm{T}} = \begin{bmatrix} \dfrac{N_A}{N_a}e_a & \dfrac{N_B}{N_b}e_b & \dfrac{N_C}{N_c}e_c \end{bmatrix}^{\mathrm{T}} \tag{3.70}
$$

图 3.12 为三相三芯柱变压器的等效磁路。

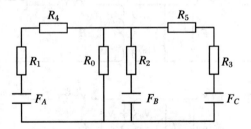

图 3.12　三相三芯柱变压器等效磁路

根据安培环路定律和高斯磁路定律可建立磁路方程如下：

$$\begin{cases} F_A - \Phi_1(R_1 + R_4) - \Phi_0 R_0 = 0 \\ F_B - \Phi_2 R_2 - \Phi_0 R_0 = 0 \\ F_C - \Phi_3(R_3 + R_5) - \Phi_0 R_0 = 0 \end{cases} \tag{3.71}$$

式中，F_A、F_B、F_C 分别为三相变压器激磁主磁势；Φ_0、R_0 分别为零序磁通回路的磁场强度和磁阻；R_1、R_2、R_3、R_4、R_5 为变压器三相绕臂和铁轭的磁阻。应当注意，它们都是本段铁芯流过磁通的非线性函数。在三相变压器中，产生每相主磁通的主磁势是由该相的原、副边电流共同产生的，因此可列出如下磁电接口方程：

$$\begin{cases} N_A i_A + N_a i_a = F_A \\ N_B i_B + N_b i_b = F_B \\ N_C i_C + N_c i_c = F_C \end{cases} \tag{3.72}$$

实际上三相变压器是对称结构，因此可令 $N_1 = N_A = N_B = N_C$，$N_2 = N_a = N_b = N_c$，则有

$$\begin{cases} i_A + \dfrac{N_2}{N_1} i_a = \dfrac{F_1}{N_1} = i_{Am} \\ i_B + \dfrac{N_2}{N_1} i_b = \dfrac{F_2}{N_1} = i_{Bm} \\ i_C + \dfrac{N_2}{N_1} i_c = \dfrac{F_3}{N_1} = i_{Cm} \end{cases} \tag{3.73}$$

根据式(3.66)、式(3.70)和式(3.73)，可以得出描述三相变压器谐波的模型，如图 3.13 所示。

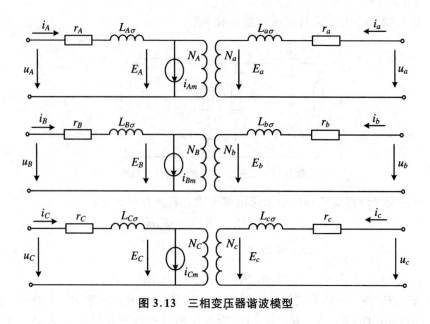

图 3.13　三相变压器谐波模型

3.3　配电网负荷谐波特性分析

随着我国电力工业的蓬勃发展,配电网内的负荷不但数量大、分布广、种类多,而且其工作状态带有很大的随机性和时变性,其中非线性和冲击性负荷的大量接入使得电网被注入大量的谐波分量,导致电网电压及电流波形产生了严重的畸变。无论是什么电力负荷,都可以看成是阻、感、容性元件组合而成,其集总效应可以用一组并联的等效阻、感、容性元件进行模拟,非线性负荷产生的谐波效应,可以用伴随的谐波注入的电流源进行模拟。电力负荷的集总效应可以等效为图 3.14 所示的电力网络。

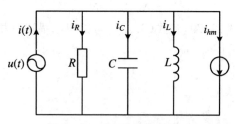

图 3.14　电力负荷通用模型

图 3.14 中,R、L、C 分别表示电力负荷中的电阻、电感、电容性成分,也是电力负荷中的线性成分,其数值是在谐波情况下的等值参数。总负荷电流 $i(t)$ 若含

有与电压无关的电流部分,该部分电流不是电流与电压共有的,称为生成电流 i_{hm},它可由总负荷电流 $i(t)$ 简单的离散傅里叶变换得出。i_{hm} 表示电力负荷中非线性部分谐波电流源。根据图 3.14 可以得出下式:

$$i(t) = i_R(t) + i_C(t) + i_L(t) + i_{hm}(t) \tag{3.74}$$

写成参数导纳方程如下:

$$\begin{cases} I_n = Y_n U_n + H_n \\ Y_n = \dfrac{1}{R} + j\left(2\pi f C - \dfrac{1}{2\pi f L}\right) \\ H_n = i_{hm} \end{cases} \tag{3.75}$$

设 $\dot{F}_a$、$\dot{F}_b$、$\dot{F}_c$ 为配电系统中任意一组非对称相量,则可以分解成正序、负序和零序三组对称相量,如下所示:

$$\dot{F}_a = \dot{F}_{a1} + \dot{F}_{a2} + \dot{F}_{a0}, \quad \dot{F}_b = \dot{F}_{b1} + \dot{F}_{b2} + \dot{F}_{b0}, \quad \dot{F}_c = \dot{F}_{c1} + \dot{F}_{c2} + \dot{F}_{c0} \tag{3.76}$$

式中,$\dot{F}_{a1}$、$\dot{F}_{b1}$、$\dot{F}_{c1}$ 为正序分量,$\dot{F}_{a2}$、$\dot{F}_{b2}$、$\dot{F}_{c2}$ 为负序分量,$\dot{F}_{a0}$、$\dot{F}_{b0}$、$\dot{F}_{c0}$ 为零序分量。

令 $\alpha = e^{j120^\circ} = -\dfrac{1}{2} + j\dfrac{\sqrt{3}}{2}$,$\alpha^2 = e^{-j120^\circ} = -\dfrac{1}{2} - j\dfrac{\sqrt{3}}{2}$,则正序分量与负序分量和零序分量之间的关系可以写出如下:

$$\dot{F}_a = \dot{F}_{a1} + \dot{F}_{a2} + \dot{F}_{a0}, \quad \dot{F}_b = \alpha^2 \dot{F}_{a1} + \alpha \dot{F}_{a2} + \dot{F}_{a0}, \quad \dot{F}_c = \alpha \dot{F}_{a1} + \alpha^2 \dot{F}_{a2} + \dot{F}_{a0} \tag{3.77}$$

写成矩阵形式如下:

$$\begin{bmatrix} \dot{F}_a & \dot{F}_b & \dot{F}_c \end{bmatrix}^T = \begin{bmatrix} 1 & 1 & 1 \\ \alpha^2 & \alpha & 1 \\ \alpha & \alpha^2 & 1 \end{bmatrix} \begin{bmatrix} \dot{F}_{a1} & \dot{F}_{a2} & \dot{F}_{a0} \end{bmatrix}^T \tag{3.78}$$

令 $T = \begin{bmatrix} 1 & 1 & 1 \\ \alpha^2 & \alpha & 1 \\ \alpha & \alpha^2 & 1 \end{bmatrix}$,则有 $T^{-1} = \dfrac{1}{3}\begin{bmatrix} 1 & \alpha & \alpha^2 \\ 1 & \alpha^2 & \alpha \\ 1 & 1 & 1 \end{bmatrix}$。可逆形式如下:

$$\begin{bmatrix} \dot{F}_{a1} & \dot{F}_{a2} & \dot{F}_{a0} \end{bmatrix}^T = T^{-1}\begin{bmatrix} \dot{F}_a & \dot{F}_b & \dot{F}_c \end{bmatrix}^T \tag{3.79}$$

将对称分量法应用于导纳矩阵,则有

$$\begin{bmatrix} \dot{Y}_a & \dot{Y}_b & \dot{Y}_c \end{bmatrix}^T = T\begin{bmatrix} \dot{Y}_{a1} & \dot{Y}_{a2} & \dot{Y}_{a0} \end{bmatrix}^T T^{-1},$$
$$\begin{bmatrix} \dot{Y}_{a1} & \dot{Y}_{a2} & \dot{Y}_{a0} \end{bmatrix}^T = T^{-1}\begin{bmatrix} \dot{Y}_a & \dot{Y}_b & \dot{Y}_c \end{bmatrix}^T T \tag{3.80}$$

所以三相负荷的正序、负序、零序分量的等效电路可表示如下:

$$\begin{bmatrix} \dot{I}_1 & \dot{I}_2 & \dot{I}_0 \end{bmatrix}^T = \begin{bmatrix} Y_1 & 0 & 0 \\ 0 & Y_2 & 0 \\ 0 & 0 & Y_0 \end{bmatrix} \begin{bmatrix} \dot{U}_1 & \dot{U}_2 & \dot{U}_0 \end{bmatrix}^T + \begin{bmatrix} \dot{H}_1 & \dot{H}_2 & \dot{H}_0 \end{bmatrix}^T \tag{3.81}$$

$$\begin{bmatrix} \dot{I}_a & \dot{I}_b & \dot{I}_c \end{bmatrix}^{\mathrm{T}} = \begin{bmatrix} Y_{aa} & Y_{ab} & Y_{ac} \\ Y_{ba} & Y_{bb} & Y_{bc} \\ Y_{ca} & Y_{cb} & Y_{cc} \end{bmatrix} \begin{bmatrix} \dot{U}_a & \dot{U}_b & \dot{U}_c \end{bmatrix}^{\mathrm{T}} + \begin{bmatrix} \dot{H}_a & \dot{H}_b & \dot{H}_c \end{bmatrix}^{\mathrm{T}}$$

$$(3.82)$$

以上各式明确了三相负荷在相坐标下的谐波特性。

3.4　谐波源等效模型

以上分析的各谐波源具有不同的特点,可以将其划分为两类,即电压型谐波源和电流型谐波源,再根据各谐波源的谐波分布特征可以分别建立其相应的谐波源等效模型。电压型谐波源等效模型和电流型谐波源等效模型分别如图 3.15 和图 3.16 所示。

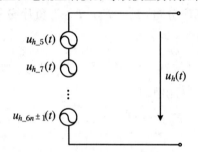

图 3.15　电压型谐波源等效模型

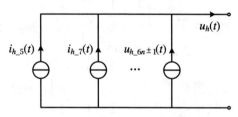

图 3.16　电流型谐波源等效模型

由于分析的对象处于三相对称电网环境,所以图 3.15 中的电压型谐波源等效模型只考虑 $5,7,\cdots,6n\pm1$ 次电压谐波,图 3.16 中的电流型谐波源等效模型只考虑 $5,7,\cdots,6n\pm1$ 次电流谐波。例如在仿真实验研究中,对于多逆变器并网点处的电网电压谐波,可以用电压型谐波源等效模型进行等效,等效模型中各次电压谐波含量可以在检测分析实际并网点的电压谐波分布规律后进行设定。对于各种类型的负载和电力变压器,向电网注入的是电流谐波,可以用电流型谐波源等效模型进行等效,等效模型中各次电流谐波含量可以在检测分析实际负载输出电流谐波分布规律后进行设定。

3.5　谐波交互分析

3.5.1　逆变器与电网之间的谐波交互分析

光伏并网逆变器在工作时产生的高次谐波,可以通过改进滤波器设计进行抑制;工作时产生的低次谐波,主要受逆变器的控制策略、控制参数设置等影响,也与电网电压状态有关,在电网电压畸变的情况下,逆变器的控制性能也会受到影响,可能会引起低次谐波电流的叠加放大。对于光伏逆变器而言,电网背景中的低次谐波会随着电压采样进入逆变器控制系统。当电网电压中的低次谐波进入逆变器控制环节后,电流控制器几乎对电压低次谐波没有抑制作用,会导致控制器的控制性能下降,系统输出的低次谐波电流加剧。

选取 3 台功率分别为 10 kW、50 kW 和 100 kW 的逆变器接入系统,如图 3.17所示。在公共并网接入点处分别注入 5、7、11、13、17 和 19 次等低次谐波,注入各次谐波的大小按照国际电工委员会(IEC)制定的电磁兼容(EMC)61000 系列标准中的中低压配网中谐波限值标准确定,其中 5 次谐波为 6%,7 次谐波为 5%,11 次谐波为 3.5%,13 次谐波为 3%,17 次谐波为 2%,19 次谐波为 1.5%。分两种情况对比考察公共并网点背景谐波对逆变器输出电流谐波影响状况,一种是在理想传输线条件下分析,另一种是在考虑传输线阻抗的条件下分析。理想传输线条件下的仿真结果如图 3.18~图 3.20 和表 3.2 所示。考虑传输线阻抗条件下的仿真结果如图 3.21~图 3.23 和表 3.3 所示。

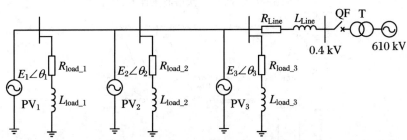

图 3.17　三台逆变器并网拓扑结构

在理想传输线条件下,图 3.18 是 10 kW 逆变器输出电流波形及其谐波分析;图 3.19 是 50 kW 逆变器输出电流波形及其谐波分析;图 3.20 是 100 kW 逆变器输出电流波形及其谐波分析;表 3.2 为各次谐波的统计结果。仿真数据对比发现,标准限值中的 5、7 和 19 次谐波对逆变器输出的各次谐波以及电流总的畸变率影

响相对较小,而标准限值中的 11、13 和 17 次谐波注入使得各逆变器输出电流中的
11、13 和 17 次谐波发生十几倍甚至几十倍的增加,从而导致逆变器输出电流的总
畸变率显著增加且不符合并网标准要求。将各次谐波限值叠加后注入公共并网节
点发现,各次谐波对逆变器输出电流谐波的影响具有叠加效应,总的畸变率大大增
加,且占主要影响的仍然是注入的 11、13 和 17 次谐波。

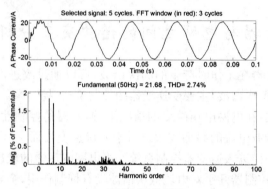

（a）理想电网条件下

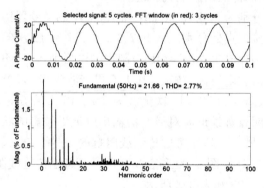

（b）注入 6%的 5 次谐波条件下

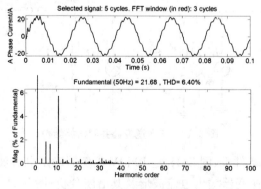

（c）注入 3.5%的 11 次谐波条件下

图 3.18　10 kW 逆变器输出电流波形及其谐波分析

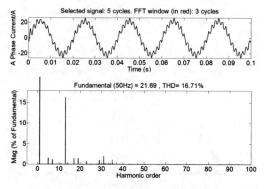

（d）注入 3% 的 13 次谐波条件下

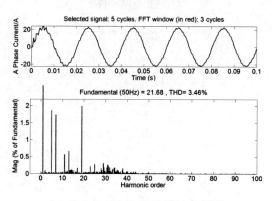

（e）注入 1.5% 的 19 次谐波条件下

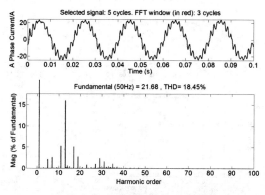

（f）注入各次谐波限值之和条件下

续图 3.18　10 kW 逆变器输出电流波形及其谐波分析

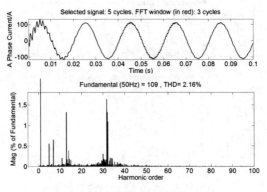

（a）理想电网条件下

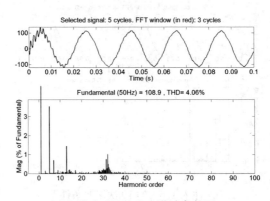

（b）注入 6% 的 5 次谐波条件下

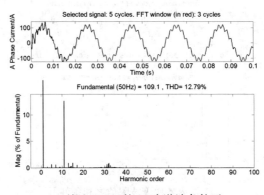

（c）注入 3.5% 的 11 次谐波条件下

图 3.19　50 kW 逆变器输出电流波形及其谐波分析

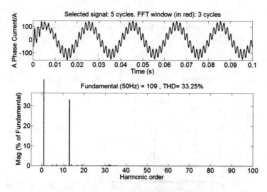

（d）注入 3% 的 13 次谐波条件下

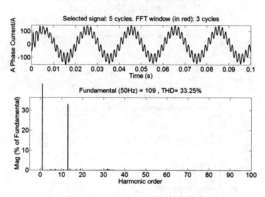

（e）注入 1.5% 的 19 次谐波条件下

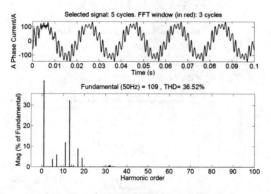

（f）注入各次谐波限值之和条件下

续图 3.19　50 kW 逆变器输出电流波形及其谐波分析

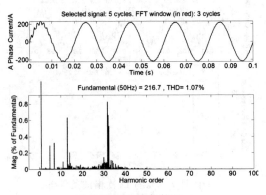

（a）理想电网条件下

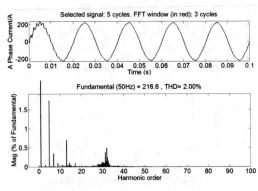

（b）注入 6% 的 5 次谐波条件下

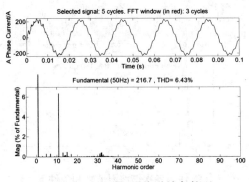

（c）注入 3.5% 的 11 次谐波条件下

图 3.20　100 kW 逆变器输出电流波形及其谐波分析

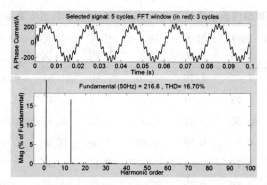

（d）注入 3% 的 13 次谐波条件下

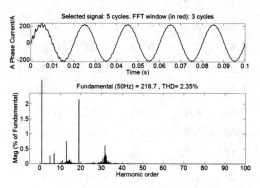

（e）注入 1.5% 的 19 次谐波条件下

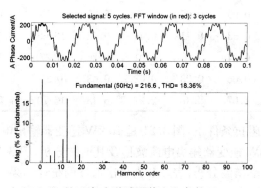

（f）注入各次谐波限值之和条件下

续图 3.20　100 kW 逆变器输出电流波形及其谐波分析

表 3.2　理想传输线条件下 PCC 点谐波对逆变器输出电流谐波的影响

逆变器类型	输出电流谐波次数	理想电网	注入5次	注入7次	注入11次	注入13次	注入17次	注入19次	各次之和
	H5	1.85	1.79	1.76	1.86	1.54	1.84	1.86	2.16
	H7	1.72	1.51	2.22	1.66	1.13	1.70	1.74	2.59
	H11	0.53	0.97	0.92	5.75	0.17	0.57	0.57	5.23
10 kW	H13	0.50	0.58	0.27	0.36	16.26	0.49	0.67	16
	H17	0.15	0.08	0.20	0.45	1.38	4.35	0.17	5.08
	H19	0.10	0.11	0.09	0.12	1.36	0.10	1.99	2.71
	THD%	2.74	2.77	3.08	6.40	16.71	5.19	3.46	18.45
	H5	0.56	3.54	0.56	0.64	0.50	0.53	0.59	3.75
	H7	0.66	0.7	5.52	0.57	0.61	0.69	0.68	5.88
	H11	0.21	0.09	0.08	12.63	0.35	0.28	0.24	11.87
50 kW	H13	1.32	1.44	0.85	0.87	33.21	1.28	1.56	32.29
	H17	0.04	0.17	0.02	0.51	0.60	9.17	0.06	8.94
	H19	0.06	0.07	0.02	0.05	0.63	0.08	4.27	4.30
	THD%	2.16	4.06	5.88	12.79	33.25	9.38	4.70	36.52
	H5	0.29	1.74	0.28	0.31	0.25	0.28	0.28	1.9
	H7	0.33	0.35	2.74	0.30	0.28	0.32	0.34	2.96
	H11	0.09	0.05	0.07	6.35	0.18	0.17	0.11	5.96
100 kW	H13	0.63	0.71	0.44	0.42	16.68	0.62	0.76	16.24
	H17	0.04	0.1	0.01	0.26	0.27	4.65	0.03	4.5
	H19	0.05	0.03	0.03	0.03	0.31	0.05	2.15	2.17
	THD%	1.07	2.0	2.92	6.43	16.70	4.76	2.35	18.36

在考虑传输线阻抗条件下,图 3.21 是 10 kW 逆变器输出电流波形及其谐波分析;图 3.22 是 50 kW 逆变器输出电流波形及其谐波分析;图 3.23 是 100 kW 逆变器输出电流波形及其谐波分析;表 3.3 为各次谐波的统计结果。仿真过程中,传输线阻抗设置为 0.1 Ω+0.5 mH。对比数据发现,标准限值中的 5 次和 7 次谐波的注入对各逆变器输出电流中的 5 次和 7 次谐波产生几倍的增加,从而导致逆变器输出电流的总畸变率增加甚至不符合标准要求。而标准限值中的 11、13、17 和 19 次谐波的注入对各逆变器输出电流中相应的 11、13、17 和 19 次谐波的影响不大,对逆变器输出畸变率的影响相对较小。将各次谐波限值叠加后注入公共并网节点发现,各次谐波对逆变器输出电流谐波的影响具有叠加效应,总的畸变率大大增加,且占主要影响的仍然是注入的 5 次和 7 次谐波。

因而可以得出结论:传输线的阻抗是影响配电网与逆变器之间谐波交互特性

的重要因素。在各次谐波注入实验中,传输线阻抗的存在削弱了 11、13 和 17 次等高次谐波的影响,而 5 次和 7 次等低次谐波的影响被放大增强,表明传输线阻抗的存在使得系统的谐振频率点向低频段偏移。电气距离越远的节点,线路阻抗越大,系统发生低频谐振的可能性越大。

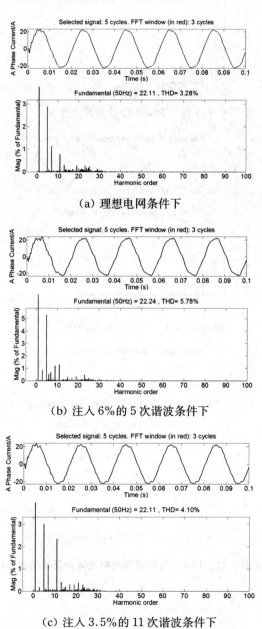

（a）理想电网条件下

（b）注入 6% 的 5 次谐波条件下

（c）注入 3.5% 的 11 次谐波条件下

图 3.21　10 kW 逆变器输出电流波形及其谐波分析

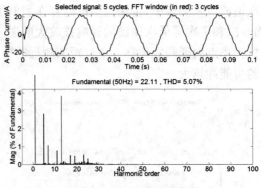

（d）注入 3%的 13 次谐波条件下

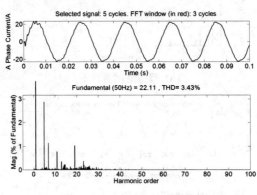

（e）注入 1.5%的 19 次谐波条件下

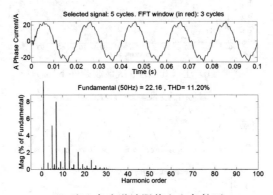

（f）注入各次谐波限值之和条件下

续图 3.21　10 kW 逆变器输出电流波形及其谐波分析

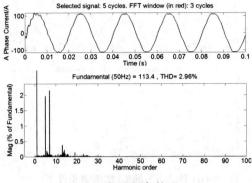

（a）理想电网条件下

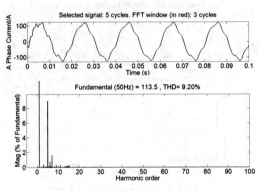

（b）注入 6% 的 5 次谐波条件下

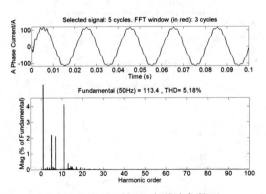

（c）注入 3.5% 的 11 次谐波条件下

图 3.22　50 kW 逆变器输出电流波形及其谐波分析

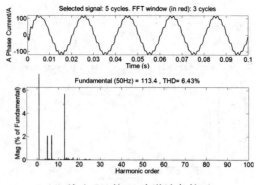

（d）注入 3% 的 13 次谐波条件下

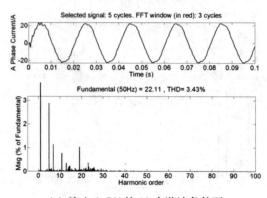

（e）注入 1.5% 的 19 次谐波条件下

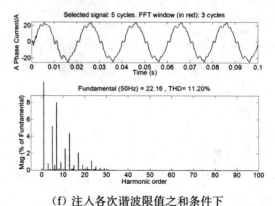

（f）注入各次谐波限值之和条件下

续图 3.22　50 kW 逆变器输出电流波形及其谐波分析

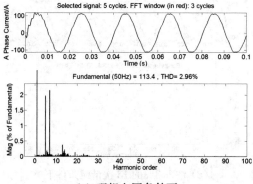

（a）理想电网条件下

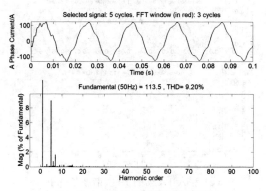

（b）注入 6% 的 5 次谐波条件下

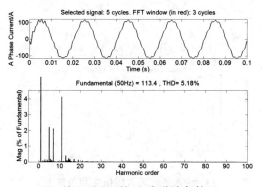

（c）注入 3.5% 的 11 次谐波条件下

图 3.23　100 kW 逆变器输出电流波形及其谐波分析

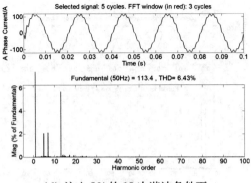

（d）注入 3% 的 13 次谐波条件下

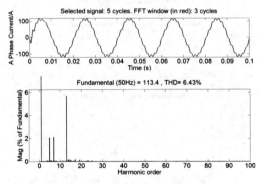

（e）注入 1.5% 的 19 次谐波条件下

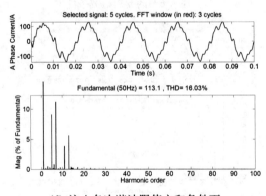

（f）注入各次谐波限值之和条件下

续图 3.23　100 kW 逆变器输出电流波形及其谐波分析

表 3.3 　考虑传输线阻抗条件下电网背景谐波对逆变器输出电流谐波的影响

逆变器类型	输出电流谐波次数	理想电网	注入5次	注入7次	注入11次	注入13次	注入17次	注入19次	各次之和
10 kW	H5	2.88	5.30	2.21	3.02	2.84	2.89	2.88	5.18
	H7	1.14	0.68	7.67	1.17	1.09	1.17	1.14	8.00
	H11	0.78	1.30	1.27	2.34	0.79	0.73	0.78	2.58
	H13	0.31	0.14	1.14	0.41	3.83	0.32	0.35	4.38
	H17	0.13	0.22	0.91	0.31	0.51	1.17	0.13	2.08
	H19	0.28	0.36	0.68	0.30	0.48	0.31	1.03	0.62
	THD%	3.28	5.78	8.32	4.10	5.07	3.52	3.43	11.20
50 kW	H5	1.97	9.00	1.91	2.21	2.07	2.05	2.00	9.13
	H7	2.15	1.64	10.84	2.12	2.13	2.12	2.12	11.19
	H11	0.09	0.27	0.25	4.14	0.06	0.10	0.12	3.89
	H13	0.38	0.16	0.39	0.41	5.69	0.42	0.40	5.63
	H17	0.02	0.08	0.31	0.18	0.20	0.86	0.06	0.33
	H19	0.13	0.12	0.23	0.13	0.15	0.14	0.40	0.15
	THD%	2.96	9.20	11.03	5.18	6.43	3.12	3.0	16.03
100 kW	H5	0.72	3.42	0.70	0.76	0.71	0.74	0.72	3.47
	H7	0.69	0.53	2.48	0.69	0.64	0.69	0.71	2.58
	H11	0.07	0.24	0.11	1.05	0.08	0.05	0.06	1.04
	H13	0.35	0.11	0.25	0.38	3.59	0.39	0.37	3.42
	H17	0.02	0.07	0.11	0.09	0.08	1.71	0.03	1.50
	H19	0.06	0.05	0.09	0.05	0.04	0.06	0.88	0.76
	THD%	1.10	3.50	2.61	1.54	3.72	2.04	1.42	5.88

3.5.2 　逆变器与负载之间的谐波交互分析

依据以上 3 台逆变器并网拓扑模型,在 10 kW、50 kW 和 100 kW 的逆变器接入的节点处,分别接入 4 kW、8 kW 和 16 kW 的阻感负载,同时传输线阻抗设定为 0.1 Ω+0.5 mH。分两种情况进行考察:一种是负载未注入谐波;另一种是负载注入 10% 左右的 5、7、11、13、17 和 19 次谐波。分别记录逆变器、负载和公共并网点处的电流及其谐波分析,如图 3.24、图 3.25、表 3.4 和表 3.5 所示。

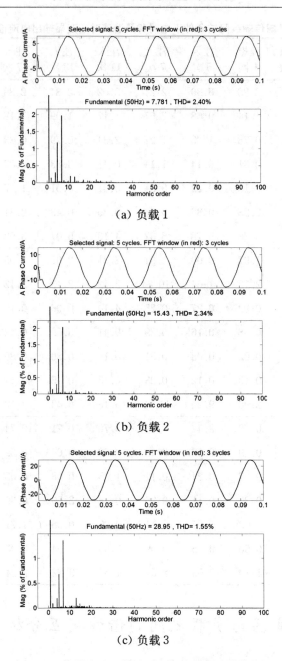

（a）负载1

（b）负载2

（c）负载3

图3.24　负载未注入谐波时电流波形及其谐波分析

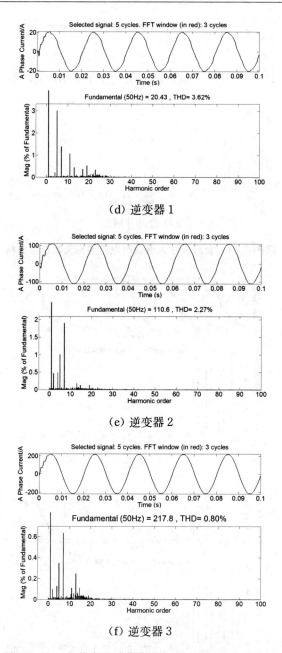

（d）逆变器 1

（e）逆变器 2

（f）逆变器 3

续图 3.24　负载未注入谐波时电流波形及其谐波分析

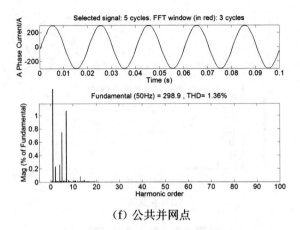

（f）公共并网点

续图 3.24　负载未注入谐波时电流波形及其谐波分析

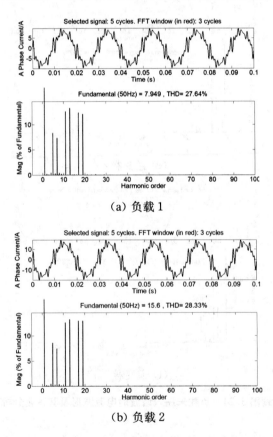

（a）负载 1

（b）负载 2

图 3.25　负载注入各次谐波时电流波形及其谐波分析

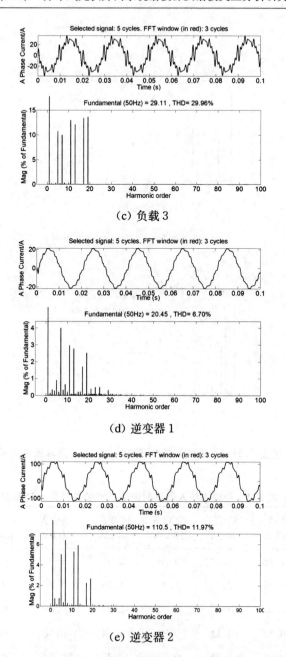

（c）负载 3

（d）逆变器 1

（e）逆变器 2

续图 3.25　负载注入各次谐波时电流波形及其谐波分析

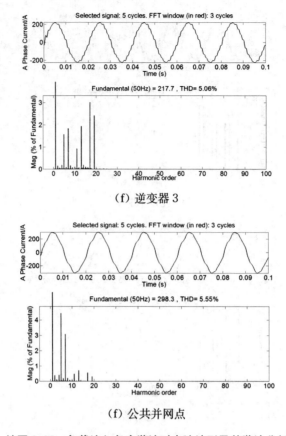

（f）逆变器 3

（f）公共并网点

续图 3.25　负载注入各次谐波时电流波形及其谐波分析

表 3.4　负载未注入谐波时逆变器和公共并网点处谐波

输出电流谐波次数	负载1 4 kW	负载2 8 kW	负载3 16 kW	逆变器 10 kW	逆变器 50 kW	逆变器3 100 kW	公共并网点
H5	1.18	1.07	0.68	3.01	1.01	0.35	0.75
H7	1.97	2.04	1.36	1.38	1.90	0.64	1.07
H11	0.20	0.07	0.04	1.07	0.06	0.11	0.02
H13	0.17	0.11	0.20	0.44	0.18	0.25	0.08
H17	0.08	0.01	0.02	0.37	0.04	0.03	0.01
H19	0.06	0.07	0.05	0.52	0.13	0.04	0.01
THD%	2.40	2.34	1.55	3.62	2.27	0.80	1.36

表 3.5　负载注入谐波时逆变器和公共并网点处谐波

输出电流 谐波次数	负载 1 4 kW	负载 2 8 kW	负载 3 16 kW	逆变器 10 kW	逆变器 2 50 kW	逆变器 3 100 kW	公共 并网点
H5	8.34	8.58	10.75	5.91	5.02	1.57	4.45
H7	7.37	7.46	10.00	4.00	6.40	1.84	3.08
H11	12.66	12.64	12.98	2.98	5.30	0.92	0.47
H13	13.33	13.27	12.09	2.78	5.91	1.94	0.71
H17	12.41	12.98	13.44	1.72	2.26	3.02	0.55
H19	12.31	12.98	13.67	2.54	2.70	2.43	0.31
THD%	27.64	28.33	29.96	6.70	11.97	5.06	5.55

图 3.24 和表 3.4 是负载未注入谐波时逆变器、负载和公共并网点处的输出电流及其谐波分析。对比数据发现:逆变器、负载和公共并网点处的电流主要以 5 次和 7 次谐波为主,11、13、17 和 19 次谐波含量相对很低。各电流的畸变率主要受 5 次和 7 次谐波影响,且均在允许的限值范围内。公共并网点处的电流畸变率主要受大功率逆变器输出电流畸变率影响,存在一定的谐波叠加效应。

图 3.25 和表 3.5 是负载注入谐波时逆变器、负载和公共并网点处的输出电流及其谐波分析。对比数据发现:在负载注入 10% 左右的 5、7、11、13、17 和 19 次谐波后,逆变器输出的各次谐波电流以及总的畸变率均有较大幅度上升,距离负载接入点越近的逆变器受该负载输出的谐波影响越大。由于公共并网点距离负载接入点存在线路阻抗,所以公共并网点处的电流主要以 5 次和 7 次谐波为主,11、13、17 和 19 次谐波含量相对很低,但由于谐波源的增加,并且公共并网点处的电流畸变率增加幅度较大,其谐波叠加效应很明显。

3.6　本　章　小　结

本章分析了光伏多机接入系统谐波源的特性及其谐波分布规律,主要创新工作包括以下三点:

(1) 基于二重傅里叶积分分析方法分别对 SPWM 调制和 SVPWM 调制输出的电压进行谐波频谱分析,推导出三相全桥电路输出电压谐波的解析解,进而得出基于 SPWM 调制策略和 SVPWM 调制策略的谐波分布规律;同时基于二重傅里叶积分分析方法对死区的设置引起的谐波分布规律进行了分析。

(2) 通过分析变压器的非线性特性,这里主要考虑励磁电感和磁化曲线的非线性对谐波电流的影响,研究单相和三相变压器的输出谐波电流特性。基于非线性和冲击性负荷的大量接入而产生的谐波影响,提出了一种电力负荷的通用模型,将电力负荷的集总效应用一组并联的等效阻、感、容性元件进行模拟,非线性负荷产生的谐波效应用伴随的谐波注入的电流源进行模拟。

(3) 基于谐波源的等效模型,以 3 台逆变器并网为例,仿真分析了逆变器、负载和配电网之间的谐波交互影响,得出了在复杂电网背景谐波、负载谐波以及电网阻抗的影响下光伏多机接入系统的谐波分布特点。

第 4 章　分布式光伏并网系统谐振机理分析及其抑制策略研究

根据第 3 章的分析可知,光伏多机并网系统的谐波源有来自于逆变器系统本身,有来自于配电网负载,还有来自复杂电网环境。由于复杂电网背景谐波主要是由各种接入的电力设备和非线性电力负载引起,于是可以将非线性电力负载产生的谐波和复杂电网环境的谐波统一起来称为复杂电网背景谐波源。在分布式光伏多机并网系统中,各台逆变器的谐波源之间,以及逆变器与电网背景谐波源之间均存在交互作用,会加剧各逆变器输出并网电流和公共并网节点处电压的畸变,甚至会引起各逆变器之间以及逆变器与电网之间的谐振,并导致系统不稳定[142-148]。另外,无论是单机系统还是多机系统,LCL 并网接口电路的谐振特性均是造成系统谐振现象的根本原因,于是在逆变器开环条件下分析 LCL 并网接口电路的谐振特性有助于理解系统发生谐振现象的本质,有助于发现谐振规律。在逆变器闭环条件下,基于第 2 章介绍的逆变器受控源等效电路模型分析单机和多机系统产生的谐振特性,找出逆变器的控制参数以及电网参数与系统谐振之间的关系,可为逆变器的设计提供重要的理论参考。

4.1　LCL 滤波电路谐振机理分析

分析单机和多机并网环境下 LCL 并网接口电路在各种谐波源激励下的谐振机理,是清晰解析光伏多机接入系统谐波谐振机理的重要内容之一,有助于理解系统发生谐振现象的本质,发现其谐振规律。

4.1.1　单机系统 LCL 滤波电路谐振机理分析

在单台逆变器并网时,基于 LCL 滤波的并网接口电路如图 4.1 所示。

由于谐振是电路网络的固有属性,在以上单逆变器并网接口电路网络中,其输出电流发生谐振的情况有两种:① 逆变器本身的谐波源激励引起的谐振;② 电网背景谐波源激励引起的谐振。下面对这两种谐波源激励引起的谐振机理予以分析。

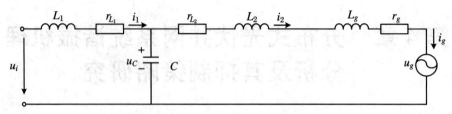

图 4.1　单机系统 LCL 滤波并网接口电路

1. 逆变器自身谐波源引起的谐振机理分析

对于线性电路网络，单独分析其各谐波源的激励作用并不影响对整个网络谐振机理的分析，所以在分析逆变器本身的谐波源激励引起的网络谐振机理时，可以将电网背景谐波源激励设置为零，此时可得到等效电路如图 4.2 所示。

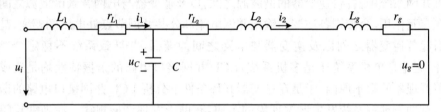

图 4.2　逆变器本身谐波源激励下并网接口等效电路

根据图 4.2 所示的并网接口等效电路网络拓扑，可以写出从逆变桥的输出电压谐波到并网电流谐波的传递函数，如式(4.1)所示：

$$\Phi_{u_{ih}\to i_{2h}}(S) = \frac{i_{2h}(S)}{u_{ih}(S)}$$

$$= \frac{1}{\left\{\begin{array}{l} L_1(L_2+L_g)CS^3 + [L_1(r_{L2}+r_g)+(L_2+L_g)r_{L1}]CS^2 \\ + [L_1+r_{L1}(r_{L2}+r_g)C+L_2+L_g]S + r_{L1}+r_{L2}+r_g \end{array}\right\}}$$

$$(4.1)$$

由式(4.1)可见，电网电阻和电抗的变化会对由逆变器本身谐波源激励引起的并网接口网络的谐振机理构成影响，下面分别详细分析电网电阻变化和电网电抗变化对 LCL 并网接口网络谐振特性的影响。特别说明：在后续分析中，LCL 并网接口电路元件参数均设定为 $L_1 = 2\text{ mH}$，$r_{L_1} = 1\text{ m}\Omega$，$L_1 = 0.6\text{ mH}$，$r_{L_2} = 1\text{ m}\Omega$，$C = 20\ \mu\text{F}$。

图 4.3 给出了在 $L_g = 0.5\text{ mH}$，$r_g = 0\ \Omega$、$0.1\ \Omega$ 和 $1\ \Omega$ 时，$\Phi_{u_{ih}\to i_{2h}}(S)$ 频率特性变化情况。

图 4.3 表明，在逆变器本身谐波源激励下，当 $r_g = 0\ \Omega$ 时，LCL 并网接口网络存在明显的谐振尖峰，在逆变器自身存在的且与谐振点同频率谐波的激励下，系统

就会产生谐振。随着传输线电阻的增加,即 $r_g = 0.1\,\Omega$ 和 $1\,\Omega$ 时,谐振尖峰逐渐被消除,其中传输线电阻在几欧姆时,谐振尖峰被消除效果非常明显,抑制了 LCL 并网接口网络发生谐振。另外,在传输线电阻增加的过程中,谐振频率点不会发生偏移,但低频段增益会逐渐降低,而高频段特性几乎不变。

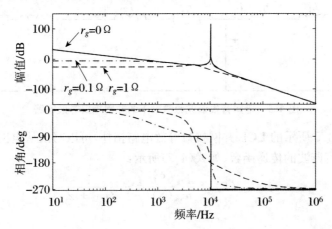

图 4.3　$r_g = 0\,\Omega$、$0.1\,\Omega$ 和 $1\,\Omega$,$L_g = 0.5\,\text{mH}$ 时 $\Phi_{u_{ih} \to i_{2h}}$(S)的频率特性

图 4.4 给出了在 $r_g = 0\,\Omega$,$L_g = 0\,\text{mH}$、$0.5\,\text{mH}$、$1\,\text{mH}$ 和 $3\,\text{mH}$ 时,$\Phi_{u_{ih} \to i_{2h}}(S)$频率特性变化情况。

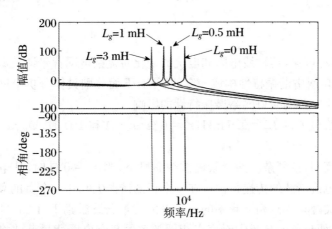

图4.4　$L_g = 0\,\text{mH}$、$0.5\,\text{mH}$、$1\,\text{mH}$ 和 $3\,\text{mH}$,$r_g = 0\,\Omega$ 时 $\Phi_{u_{ih} \to i_{2h}}$(S)的频率特性

图 4.4 表明,在逆变器本身谐波源激励下,随着传输线电抗的增加,即 $L_g = 0.5\,\text{mH}$、$1\,\text{mH}$ 和 $3\,\text{mH}$ 时,LCL 并网接口网络的谐振频率点向低频方向偏移,在逆变器自身存在的低频谐波的激励下,LCL 并网接口网络更容易产生低频谐振。同时,在传输线电抗增加过程中,其低频段增益特性几乎不变,而高频段增益特性略微降低。

2. 复杂电网背景谐波源引起的谐振机理分析

在分析复杂电网背景谐波源激励引起的 LCL 并网接口网络的谐振机理时,可以将逆变器本身的谐波源激励设置为零,此时可得到等效电路如图 4.5 所示。

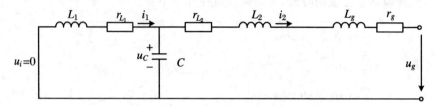

图 4.5　电网背景谐波源激励下的并网接口等效电路

根据图 4.5 所示的 LCL 并网接口等效电路拓扑,可以写出从电网背景电压谐波到并网电流谐波的传递函数,如式(4.2)所示:

$$\Phi_{gh \to 2h}(S) = \frac{i_{2h}(S)}{u_{gh}(S)} = -\frac{1}{Z_{\text{LCL}} + Z_g} \tag{4.2}$$

其中

$$Z_{\text{LCL}} = (L_1 S + r_{L_1}) \left\| \left(\frac{1}{CS}\right) + L_2 S + r_{L_2}\right.$$

$$= \frac{L_1 L_2 C S^3 + (L_1 r_{L_2} + L_2 r_{L_1}) C S^2 + (r_{L_2} r_{L1} C + L_1 + L_2) S + r_{L_2} + r_{L_1}}{L_1 C S^2 + r_{L_1} C S + 1}$$

$$\tag{4.3}$$

$$Z_g = L_g S + r_g \tag{4.4}$$

由式(4.2)可见,传输线电阻和电抗的变化对复杂电网背景谐波源激励引起的 LCL 并网接口网络谐振特性构成一定的影响,下面分别具体分析电网电阻变化和电网电抗变化对并网接口网络谐振特性的影响。

图 4.6 给出了在 $L_g = 0.5$ mH,$r_g = 0$ Ω、0.5 Ω 和 1 Ω 时,$\Phi_{u_{gh} \to i_{2h}}(S)$ 频率特性变化情况。

图 4.6 表明,在复杂电网背景谐波源激励下,当 $r_g = 0$ Ω 时,从电网背景电压谐波到并网电流谐波的传递特性存在一个正的谐振尖峰和一个负的衰减尖峰。在与正的谐振尖峰频率点相同频率的复杂电网背景谐波激励下,LCL 并网接口网络会发生谐振;而与负的衰减尖峰率点相同频率的复杂电网背景谐波将被衰减到很小,使其对并网接口电路输出电流不构成影响。随着传输线电阻的增加,即 $r_g = 0.5$ Ω 和 1 Ω 时,其正的谐振尖峰逐渐被消除,这其中传输线电阻在几欧姆时,正的谐振尖峰被消除效果非常明显,抑制了 LCL 并网接口网络发生谐振。在传输线电阻增加的过程中,正的谐振频率点和负的衰减尖峰频率点均不会发生偏移,低频增益略微降低,高频段特性几乎不变,负的衰减尖峰特性也几乎不变。

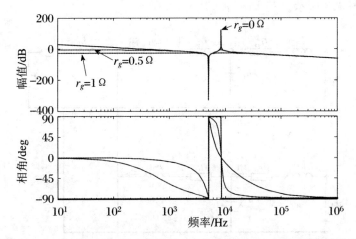

图4.6　$r_g = 0\,\Omega$、$0.5\,\Omega$ 和 $1\,\Omega$，$L_g = 0.5\,\mathrm{mH}$ 时 $\Phi_{u_{gh} \to i_{2h}}(S)$ 的频率特性

图 4.7 给出了在 $L_g = 0\,\mathrm{mH}$、$0.5\,\mathrm{mH}$、$1\,\mathrm{mH}$ 和 $3\,\mathrm{mH}$，$r_g = 0\,\Omega$ 时，$\Phi_{u_{gh} \to i_{2h}}(S)$ 频率特性变化情况。

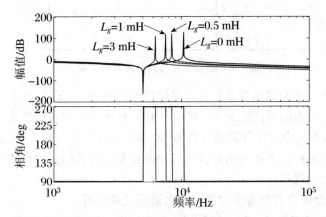

图 4.7　$L_g = 0\,\mathrm{mH}$、$0.5\,\mathrm{mH}$、$1\,\mathrm{mH}$ 和 $3\,\mathrm{mH}$，$r_g = 0\,\Omega$ 时 $\Phi_{u_{gh} \to i_{2h}}(S)$ 的频率特性

图 4.7 表明，在复杂电网背景谐波源激励下，当 $L_g = 0\,\mathrm{mH}$ 时，LCL 并网接口网络存在一个正的谐振尖峰和一个负的衰减尖峰；随着传输线电抗的增加，即 $L_g = 0.5\,\mathrm{mH}$、$1\,\mathrm{mH}$ 和 $3\,\mathrm{mH}$ 时，正的谐振尖峰和负的衰减尖峰幅度变化较小，正的谐振尖峰频率点向低频方向偏移，此时电路网络产生低频谐振的可能性增大。

4.1.2　多机 LCL 滤波电路谐振机理分析

在分布式光伏多逆变器接入系统中，多台逆变器的 LCL 滤波并网接口电路网络结构如图 4.8 所示。

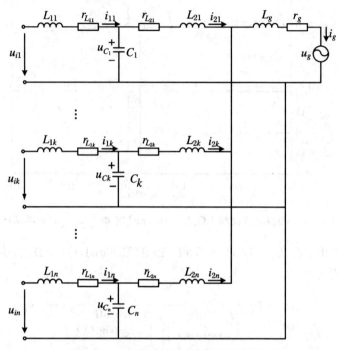

图 4.8　多台逆变器并联并网接口电路

如图 4.8 所示的多逆变器并联并网接口电路网络中,第 k 台逆变器的并网电流被激励发生谐振的可能情况有三种:① 第 k 台逆变器本身的谐波源激励引起的谐振;② 接入单元中其他并联逆变器的谐波源激励引起谐振;③ 复杂电网背景谐波源激励引起谐振。下面分别分析这三种谐波源激励引起多逆变器并网接口电路网络发生谐振的规律。

1. 第 k 台逆变器自身谐波源引起的谐振机理分析

以第 k 台逆变器的 LCL 滤波并网接口电路为例,当仅考虑第 k 台逆变器自身的谐波源激励产生的影响时,其他并联逆变器的谐波源激励以及复杂电网背景谐波源激励可以设置为零,即处于短路状态,此时图 4.8 可以等效为图 4.9。

假设多逆变器并联系统中各滤波器的参数相同,即有式(4.5)成立:

$$\begin{cases} L_{11} = \cdots = L_{1k} = \cdots = L_{1n} = L_1 \\ r_{L_{11}} = \cdots = r_{L_{1k}} = \cdots = r_{L_{1n}} = r_{L_1} \\ L_{21} = \cdots = L_{2k} = \cdots = L_{2n} = L_2 \\ r_{L_{21}} = \cdots = r_{L_{2k}} = \cdots = r_{L_{2n}} = r_{L_2} \\ C_1 = \cdots = C_k = \cdots = C_n = C \end{cases} \tag{4.5}$$

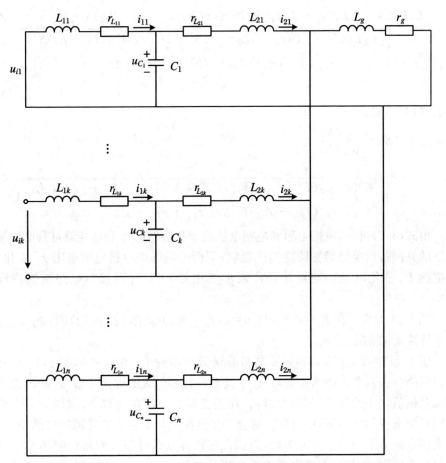

图 4.9　第 k 台逆变器自身谐波源激励下的 LCL 并网接口等效电路

根据式(4.5),图 4.9 可以简化为图 4.10。

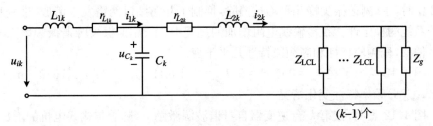

图 4.10　第 k 台逆变器自身谐波源激励下并网接口简化电路

在图 4.10 中,令

$$Z_{eq} = Z_g \left\| \left(\frac{1}{n-1} Z_{LCL} \right) = \frac{Z_g \cdot Z_{LCL}}{(n-1)Z_g + Z_{LCL}} \right.$$

$$= \frac{[L_1 L_2 CS^3 + (L_1 r_{L_2} + L_2 r_{L_1})CS^2 + (r_{L_2} r_{L_1} C + L_1 + L_2)S + r_{L_2} + r_{L_1}]Z_g}{\left\{ \begin{array}{l} [L_1 L_2 CS^3 + (L_1 r_{L_2} + L_2 r_{L_1})CS^2 + (r_{L_2} r_{L_1} C + L_1 + L_2)S] \\ + r_{L_2} + r_{L_1}] + (n-1)Z_g(L_1 CS^2 + r_{L_1} CS + 1) \end{array} \right\}}$$

$$(4.6)$$

则有式(4.7)成立:

$$\Phi_{u_{ik} \to i_{2k}}(S) = \frac{i_{2k}(S)}{u_{ik}(S)}$$

$$= \frac{1}{\left\{ \begin{array}{l} L_1 L_2 CS^3 + [L_1(r_{L_2} + Z_{eq}) + L_2 r_{L_1}]CS^2 + [L_1 + L_2 \\ + r_{L_1}(r_{L_2} + Z_{eq})C]S + r_{L_1} + r_{L_2} + Z_{eq} \end{array} \right\}} \quad (4.7)$$

由式(4.7)可见,电网电阻和电网电抗的变化会对第 k 台逆变器自身谐波激励源下的并网接口电路谐振特性构成影响,下面分别详细分析电网电阻 r_g 变化、电网电抗 L_g 变化以及逆变器并联台数 n 变化对 LCL 并网接口电路谐振特性的影响。

图 4.11 给出了在 $L_g = 0.5$ mH, $n = 5$, $r_g = 0\,\Omega$、$0.5\,\Omega$、$1\,\Omega$ 和 $2\,\Omega$ 时,$\Phi_{u_{ik} \to i_{2k}}(S)$ 频率特性变化情况。

图 4.11 表明,在第 k 台逆变器自身谐波源激励下,当 $r_g = 0\,\Omega$ 时,LCL 并网接口网络存在两个正的谐振尖峰,位于高频段且幅值大的称为主谐振尖峰,位于低频段且幅值略小的称为副谐振尖峰。在逆变器自身存在的与主、副谐振尖峰频率点同频率谐波的激励下,接口网络就会产生谐振。与单逆变器并网接口网络相比,在低频方向多了一个副谐振尖峰,因而在多机并联条件下并网接口网络发生谐振的可能性增大。同时,在紧临副谐振尖峰的右侧,存在一个负的衰减尖峰,可以将相应频率的谐波衰减掉,阻止其注入电网。随着传输线电阻的增加,即 $r_g = 0.5\,\Omega$、$1\,\Omega$ 和 $2\,\Omega$ 时,主、副谐振尖峰和负的衰减尖峰均逐渐被消除,其中在传输线电阻等于 $2\,\Omega$ 时,主、副谐振尖峰几乎均被消除,抑制了并网接口网络发生谐振,进一步提高了系统的稳定性。在传输线电阻增加的过程中,主、副谐振尖峰谐振频率点不会发生偏移,低频段特性和高频段特性几乎不变。

图 4.12 给出了在 $r_g = 0\,\Omega$, $n = 5$, $L_g = 0.1$ mH、0.5 mH、1 mH 和 3 mH 时,$\Phi_{u_{ik} \to i_{2k}}(S)$频率特性变化情况。

图 4.12 表明,在第 k 台逆变器自身谐波源激励下,随着传输线电抗的增加,即 $L_g = 0.1$ mH、0.5 mH、1 mH 和 3 mH 时,LCL 并网接口网络的主谐振尖峰频率点和幅值几乎不变,但副谐振尖峰频率点逐渐向低频方向偏移,而且其幅值衰减幅度较小,在逆变器自身存在的低频谐波的激励下,并网接口网络更容易产生低频谐振。同时,在传输线电抗增加过程中,低频段特性增益和高频段特性增益几乎不变。

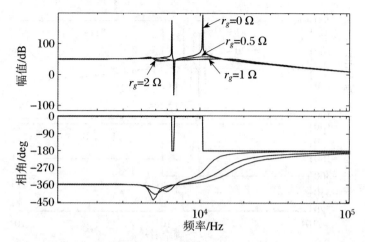

图 4.11　$L_g = 0.5\,\text{mH}$, $n = 5$, $r_g = 0\,\Omega$、$0.5\,\Omega$、$1\,\Omega$ 和 $2\,\Omega$ 时 $\Phi_{u_{ik} \to i_{2k}}(S)$ 的频率特性

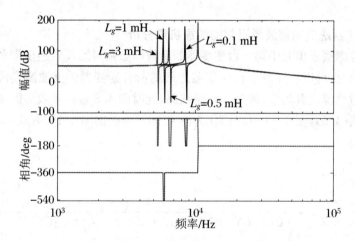

图 4.12　$r_g = 0\,\Omega$, $n = 5$, $L_g = 0.1\,\text{mH}$、$0.5\,\text{mH}$、$1\,\text{mH}$ 和 $3\,\text{mH}$ 时 $\Phi_{u_{ik} \to i_{2k}}(S)$ 的频率特性

图 4.13 给出了在 $r_g = 0\,\Omega$，$L_g = 0.5\,\text{mH}$，$n = 2$、5、10 和 20 时，$\Phi_{u_{ik} \to i_{2k}}(S)$ 频率特性变化情况。

图 4.13 表明，在第 k 台逆变器自身谐波源激励下，随着逆变器并联台数的增加，即 $n = 2$、5、10 和 20 时，LCL 并网接口网络的主谐振尖峰频率点和幅值几乎不变，但副谐振尖峰频率点向低频方向迁移较大，在逆变器自身存在的低频谐波的激励下，并网接口网络发生低频谐振的可能性大大增加。同时，在逆变器并联台数增加过程中，网络的低频段特性增益和高频段特性增益几乎不变。

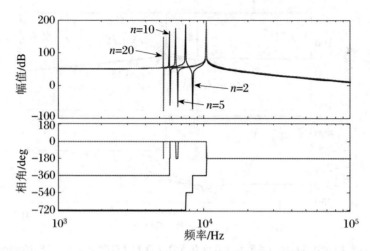

图 4.13　$r_g = 0\,\Omega, L_g = 0.5\,\text{mH}, n = 2、5、10$ 和 20 时 $\Phi_{u_{ik} \to i_{2k}}(S)$ 的频率特性

2. 第 j 台逆变器谐波源引起的谐振机理分析

当仅考虑接入单元中第 j 台逆变器的谐波源激励对第 k 台逆变器的并网电流产生的影响时,可以将除第 j 台逆变器之外的所有逆变器的谐波激励源以及电网背景谐波激励源设置为零,即处于短路状态,此时图 4.8 可以等效为图 4.14。

根据式(4.5),图 4.14 可以简化为图 4.15。再根据图 4.15,有式(4.8)成立:

$$
\begin{aligned}
\Phi_{u_{ij} \to i_{2k}}(S) \\
&= \left. \frac{i_{2k}(S)}{u_{ij}(S)} \right|_{j \neq k} \\
&= \frac{-Z'_{\text{eq}}}{Z_{\text{LCL}} + Z'_{\text{eq}}} \cdot \frac{1}{\left\{ \begin{array}{c} L_1 L_2 CS^3 + [L_1(r_{L_2} + Z'_{\text{eq}}) + L_2 r_{L_1}]CS^2 \\ + [L_1 + L_2 + r_{L_1}(r_{L_2} + Z'_{\text{eq}})C]S + r_{L_1} + r_{L_2} + Z'_{\text{eq}} \end{array} \right\}}
\end{aligned}
$$

$$(4.8)$$

其中

$$
\begin{aligned}
Z'_{\text{eq}} &= Z_g \, \Big\| \, \Big(\frac{1}{n-2} Z_{\text{LCL}} \Big) = \frac{Z_{\text{LCL}} Z_g}{Z_{\text{LCL}} + (n-2)Z_g} \\
&= \frac{[L_1 L_2 CS^3 + (L_1 r_{L_2} + L_2 r_{L_1})CS^2 + (r_{L_2} r_{L_1}C + L_1 + L_2)S + r_{L_2} + r_{L_1}]Z_g}{\left\{ \begin{array}{c} [L_1 L_2 CS^3 + (L_1 r_{L_2} + L_2 r_{L_1})CS^2 + (r_{L_2} r_{L_1}C + L_1 + L_2)S] \\ + r_{L_2} + r_{L_1}] + (n-2)Z_g(L_1 CS^2 + r_{L_1}CS + 1) \end{array} \right\}}
\end{aligned}
$$

$$(4.9)$$

由式(4.8)可见,电网电阻和电抗的变化会对第 j 台逆变器谐波源激励下的并网接口电路谐振特性构成影响,下面分别详细分析电网电阻 r_g 变化、电网电抗 L_g

变化以及逆变器并联台数 n 变化对并网接口电路谐振特性的影响。

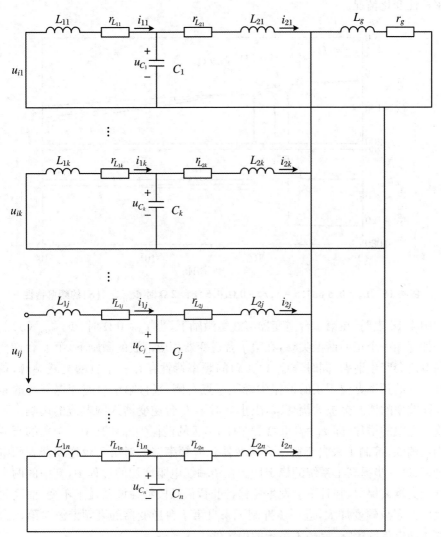

图 4.14　第 j 台逆变器谐波源激励下的并网接口等效电路

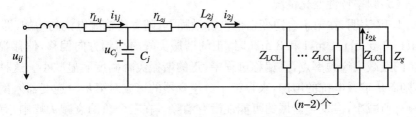

图 4.15　第 j 台逆变器谐波源激励下的并网接口简化电路

图 4.16 给出了在 $L_g = 0.5\,\text{mH}, n = 5, r_g = 0\,\Omega$、$0.5\,\Omega$ 和 $2\,\Omega$ 时，$\Phi_{u_{ij} \to i_{2k}}(S)$ 频率特性变化情况。

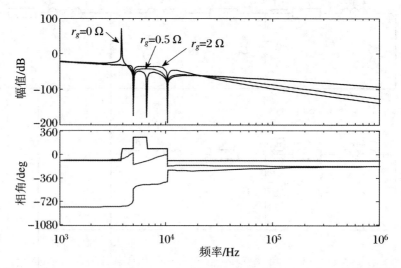

图 4.16 $L_g = 0.5\,\text{mH}, n = 5, r_g = 0\,\Omega$、$0.5\,\Omega$ 和 $2\,\Omega$ 时 $\Phi_{u_{ij} \to i_{2k}}(S)$ 的频率特性

图 4.16 表明，在第 j 台逆变器谐波源激励下，当 $r_g = 0\,\Omega$ 时，$\Phi_{u_{ij} \to i_{2k}}(S)$ 的频率特性存在一个正的谐振尖峰，在第 j 台逆变器相应谐波的激励下，第 k 台逆变器入网电流会产生谐振；同时，$\Phi_{u_{ij} \to i_{2k}}(S)$ 的频率特性存在三个负的衰减尖峰，负的衰减尖峰的频率点位于正的谐振尖峰频率点右侧，来自第 j 台逆变器与负的衰减尖峰同频率的谐波会被大幅衰减，阻止其对第 k 台逆变器入网电流的影响。随着传输线电阻的增加，即 $r_g = 0.5\,\Omega$ 和 $2\,\Omega$ 时，正的谐振尖峰和其中一个负的衰减尖峰均被消除，抑制了来自第 j 台逆变器相应频率谐波对第 k 台逆变器入网电流的谐振，进一步提高了系统的稳定性。在传输线电阻增加的过程中，其中的两个负的衰减尖峰被保留，并且不会发生偏移，同时，低频段特性增益几乎不变，而高频段特性增益衰减幅度加大，进一步抑制了来自第 j 台逆变器的高频谐波对第 k 台逆变器入网电流的影响，提高了系统的稳定性。

图 4.17 给出了在 $r_g = 0\,\Omega, n = 5, L_g = 0.1\,\text{mH}$、$0.5\,\text{mH}$、$1\,\text{mH}$ 和 $3\,\text{mH}$ 时，$\Phi_{u_{ij} \to i_{2k}}(S)$ 频率特性变化情况。

图 4.17 表明，在第 j 台逆变器谐波源激励下，随着传输线电抗的增加，即 $L_g = 0.1\,\text{mH}$、$0.5\,\text{mH}$、$1\,\text{mH}$ 和 $3\,\text{mH}$ 时，正的谐振尖峰向高频方向偏移，偏移幅度不超过负的衰减尖峰频率点，且偏移过程中，正的谐振尖峰幅度明显减小。这种现象表明，随着传输线电抗的增加，来自第 j 台逆变器的谐波对第 k 台逆变器入网电流的影响有所减小，但发生谐振的可能性没有消除。在三个负的衰减尖峰中，有两个不发生偏移，处于中间的负衰减尖峰向低频方向偏移，对消除来自第 j 台逆变器的低频谐波的影响发挥了积极作用。

图 4.18 给出了在 $r_g = 0\,\Omega$，$L_g = 0.5\,\mathrm{mH}$，$n = 2$、5、10 和 20 时，$\Phi_{u_{ij} \to i_{2k}}(S)$ 频率特性变化情况。

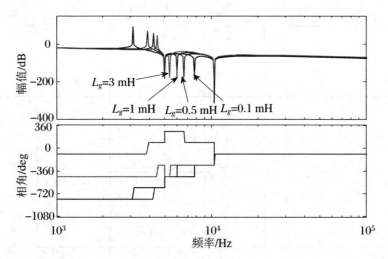

图 4.17　$r_g = 0\,\Omega$，$n = 5$，$L_g = 0.1\,\mathrm{mH}$、$0.5\,\mathrm{mH}$、$1\,\mathrm{mH}$ 和 $3\,\mathrm{mH}$ 时 $\boldsymbol{\Phi}_{u_{ij} \to i_{2k}}(S)$ 的频率特性

图 4.18 表明，在第 j 台逆变器谐波源激励下，随着逆变器并联台数的增加，即 $n = 2$、5、10 和 20 时，$\Phi_{u_{ij} \to i_{2k}}(S)$ 频率特性变化情况与随着传输线电抗的增加所表现出的特性类似，即正的谐振尖峰向高频方向偏移，且偏移过程中幅度明显减小，可见随着逆变器并联台数的增加，来自第 j 台逆变器的谐波对第 k 台逆变器入网电流的影响有所减小，但发生谐振的可能性并没有消除。

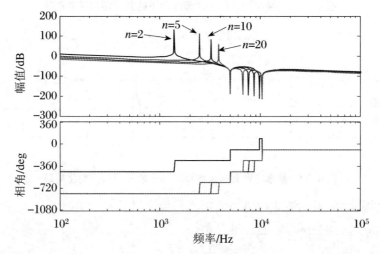

图 4.18　$r_g = 0\,\Omega$，$L_g = 0.5\,\mathrm{mH}$，$n = 2$、5、10 和 20 时 $\boldsymbol{\Phi}_{u_{ij} \to i_{2k}}(S)$ 的频率特性

3. 复杂电网背景谐波源引起的谐振机理分析

当仅考虑复杂电网背景谐波激励源产生的影响时，可以将所有逆变器的谐波

激励源设置为零,即处于短路状态,此时图 4.8 可以等效为图 4.19。

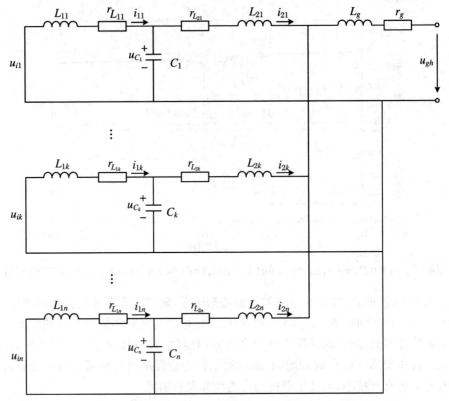

图 4.19　复杂电网背景谐波源激励下的并网接口等效电路

根据式(4.4),图 4.19 可以简化为图 4.20。

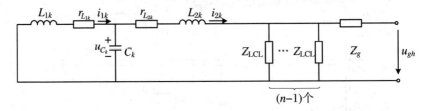

图 4.20　复杂电网背景谐波激励源下的并网接口简化电路

根据图 4.20,此时有式(4.10)成立:

$$\Phi_{u_{gh} \to i_{2k}}(S) = \frac{i_{2k}(S)}{u_{gh}(S)} = -\frac{1}{Z_{LCL} + nZ_g}$$

$$= -\frac{L_1 CS^2 + r_{L_1} CS + 1}{\left\{\begin{array}{l}[L_1 L_2 CS^3 + (L_1 r_{L_2} + L_2 r_{L_1})CS^2 + (r_{L_2} r_{L_1} C + L_1 + L_2)S] \\ + r_{L_2} + r_{L_1}] + (L_1 CS^2 + r_{L_1} CS + 1)nZ_g \end{array}\right\}}$$

$$(4.10)$$

由式(4.10)可见,电网电阻和电网电抗的变化会对复杂电网背景谐波激励源下的并网接口电路谐振机理构成影响,下面分别详细分析电网电阻 r_g 变化、电网电抗 L_g 变化以及逆变器并联台数 n 变化对并网接口电路谐振机理的影响。

图 4.21 给出了在 $L_g = 0.5\,\text{mH}, n = 5, r_g = 0\,\Omega$、$0.5\,\Omega$ 和 $2\,\Omega$ 时,$\Phi_{u_{gh} \to i_{2k}}(S)$ 频率特性的变化情况。

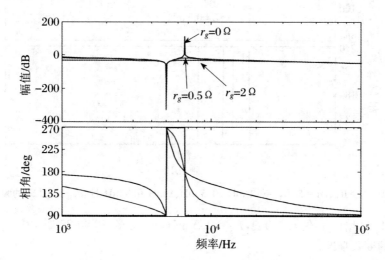

图 4.21　$L_g = 0.5\,\text{mH}, n = 5, rg = 0\,\Omega$、$0.5\,\Omega$ 和 $2\,\Omega$ 时 $\Phi_{u_{gh} \to i_{2k}}(S)$ 的频率特性

图 4.21 表明,在复杂电网背景谐波源激励下,$\Phi_{u_{gh} \to i_{2k}}(S)$ 的频率特性与单机并网时类似,当 $r_g = 0\,\Omega$ 时,LCL 并网接口网络存在一个正的谐振尖峰,在相同频率复杂电网背景谐波激励下,第 k 台逆变器入网电流会发生谐振。同时,$\Phi_{u_{gh} \to i_{2k}}(S)$ 的频率特性存在一个负的衰减尖峰,相同频率的复杂电网背景谐波将被大幅衰减,使其对逆变器不构成影响。随着传输线电阻的增加,即 $r_g = 0.5\,\Omega$ 和 $2\,\Omega$ 时,其正的谐振尖峰被消除,并且比单机并网时衰减得更快,较好地抑制了并网接口网络发生谐振,提高了系统的稳定性;负的衰减尖峰幅度衰减较少,且其频率点不发生偏移。低频段特性增益略微降低,而高频段特性增益几乎不变。

图 4.22 给出了在 $r_g = 0\,\Omega, n = 5, L_g = 0.1\,\text{mH}$、$0.5\,\text{mH}$、$1\,\text{mH}$ 和 $3\,\text{mH}$ 时,$\Phi_{u_{gh} \to i_{2k}}(S)$ 频率特性的变化情况。

图 4.22 表明,在复杂电网背景谐波源激励下,$\Phi_{u_{gh} \to i_{2k}}(S)$ 的频率特性与单机并网时类似,当 $L_g = 0.1\,\text{mH}$ 时,LCL 并网接口网络存在一个正的谐振尖峰和一个负的衰减尖峰。随着传输线电抗的增加,即 $L_g = 0.5\,\text{mH}$、$1\,\text{mH}$ 和 $3\,\text{mH}$ 时,正的谐振尖峰频率点向低频段偏移,而负的衰减尖峰频率点不发生偏移,正的谐振尖峰和负的衰减尖峰幅度变化较小;在相应复杂电网背景谐波源激励下,第 k 台逆变器入网电流发生低频谐振的可能性增加。同时,在传输线电抗增加过程中,其低频

段特性几乎不变,高频段特性增益略微降低,对阻止电网背景高频谐波的影响有一定的帮助。

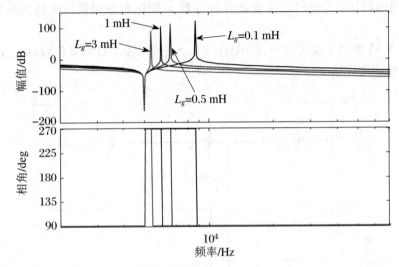

图 4.22　$r_g = 0\,\Omega, n = 5, L_g = 0.1\,\text{mH}$、$0.5\,\text{mH}$、$1\,\text{mH}$ 和 $3\,\text{mH}$ 时 $\Phi_{u_{gh} \to i_{2k}}(S)$ 的频率特性

图 4.23 给出了在 $r_g = 0\,\Omega, L_g = 0.5\,\text{mH}, n = 2$、$5$、$10$ 和 20 时 $\Phi_{u_{gh} \to i_{2k}}(S)$ 频率特性的变化情况。

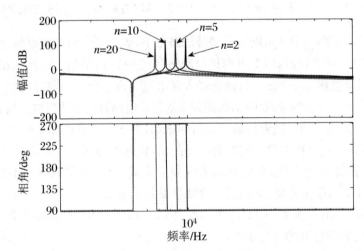

图 4.23　$r_g = 0\,\Omega, L_g = 0.5\,\text{mH}, n = 2$、$5$、$10$ 和 20 时 $\Phi_{u_{gh} \to i_{2k}}(S)$ 的频率特性

图 4.23 表明,在复杂电网背景谐波源激励下,随着逆变器并联台数 n 的增加,即 $n = 2$、5、10 和 20 时,正的谐振尖峰向低频方向偏移,而负的衰减尖峰不发生偏移,且两者幅度变化较小;在相应复杂电网背景谐波源激励下,第 k 台逆变器入网电流发生低频谐振的可能性增大。

综合以上分析表明,无论在单机条件下还是多机条件下,LCL 滤波并网接口电路本身固有的谐振机理是光伏逆变器并网系统发生谐振的根本原因,也是逆变器自身、各逆变器之间以及逆变器与电网之间形成耦合的主要因素。在各种不同谐波源的激励下,LCL 滤波并网接口电路展现出不同的谐振机理,电网参数的变化以及逆变器并联台数的变化,均会引起并网接口电路网络的谐振机理发生变化。本节的分析内容为后续逆变器在闭环条件下的谐振机理分析以及谐振的抑制策略研究提供了理论基础。

4.2　单机并网系统谐振机理分析

本节将基于第 2 章建立的逆变器受控源等效电路模型,分析单机和多机系统产生谐振的机理,找出逆变器的控制参数以及电网参数变化与系统谐振特性变化之间的关系,为寻求新的谐振抑制方法以及实际应用中逆变器控制系统的设计提供重要的理论参考[149,150]。

根据第 2 章逆变器建模分析内容,基于逆变侧电流反馈的单逆变器并网系统受控源等效电路模型如图 4.24 所示。

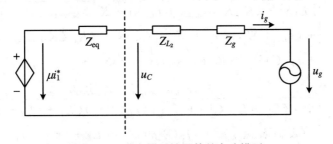

图 4.24　逆变器受控源等效电路模型

根据图 4.24,可以计算出逆变器并网电流如下:

$$i_g = \frac{\mu i_1^* - u_g}{Z_{eq} + Z_{L_2} + Z_g} = \frac{\mu}{Z_{eq} + Z_{L_2} + Z_g}i_1^* - \frac{u_g}{Z_{eq} + Z_{L_2} + Z_g} \quad (4.11)$$

从式(4.11)可以看出,单台逆变器的并网电流受其指令电流和并网点电压共同影响,下面对各自的影响进行具体分析。在后续的单机和多机并网的谐振特性分析中,除所分析参数变化外,其他参数均取表 4.1 中的数值。

表 4.1 逆变器并网系统参数设定值

参数名称	参数值	参数名称	参数值
P_n	10 kW	K_{cp}	0.1
L_1	2 mH	K_{ci}	1000
r_{L_1}	1 mΩ	$R_{Line i}$	0.1 Ω
C	20 μF	$L_{line i}$	0.5 mH
L_2	0.6 mH	$K_{SPWMDelay}$	1
r_{L_2}	0.1 mΩ	n	5

4.2.1 逆变侧引起的谐振机理分析

考虑到逆变器受控源等效电路是线性电路,在分析指令电流对并网电流的影响时,可以将并网点电压的影响设置为零,此时指令电流到并网电流的传递函数如式(4.12)所示:

$$
\begin{aligned}
\Phi_{i_1^* \to i_g}(S) = \frac{i_g}{i_1^*} &= \frac{\mu}{Z_{eq} + Z_{L_2} + Z_g} \\
&= \frac{K_{cp}K_{SPWMDelay}S + K_{ci}K_{SPWMDelay}}{\begin{cases}[L_1S^2 + (K_{cp}K_{SPWMDelay} + r_{L_1})S + K_{ci}K_{SPWMDelay}] \\ + (r_{L_2} + SL_2 + r_g + SL_g)[CL_1S^3 + (K_{cp}CK_{SPWMDelay} \\ + r_{L_1}C)S^2 + (K_{ci}K_{SPWMDelay}C + 1)S]\end{cases}} \\
&= \frac{K_{cp}K_{SPWMDelay}S + K_{ci}K_{SPWMDelay}}{\begin{cases}S^4 \cdot (L_2 + L_g)CL_1 + S^3 \cdot [(r_{L_2} + r_g)CL_1 + (L_2 + L_g) \\ \cdot (K_{cp}CK_{SPWMDelay} + r_{L_1}C)] + S^2 \cdot [L_1 + (r_{L_2} + r_g) \\ \cdot (K_{cp}CK_{SPWMDelay} + r_{L_1}C) + (L_2 + L_g)(K_{ci}K_{SPWMDelay}C + 1)] \\ + S \cdot [(K_{cp}K_{SPWMDelay} + r_{L_1}) + (r_{L_2} + r_g)(K_{ci}K_{SPWMDelay}C + 1)] \\ + K_{ci}K_{SPWMDelay}\end{cases}}
\end{aligned}
$$

$$(4.12)$$

由式(4.12)可见,系统控制参数 K_{cp} 和 K_{ci},以及电网电阻 r_g 和电抗 L_g 的变化均会对指令电流到并网电流的传递特性产生影响。图 4.25 给出了各参数变化时指令电流到并网电流的谐振特性变化情况。

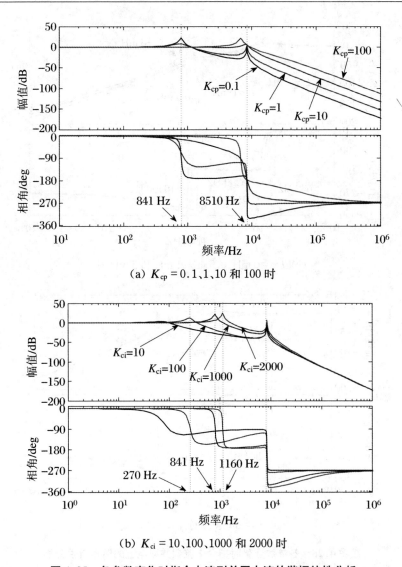

（a）$K_{cp} = 0.1$、1、10 和 100 时

（b）$K_{ci} = 10$、100、1000 和 2000 时

图 4.25　各参数变化时指令电流到并网电流的谐振特性分析

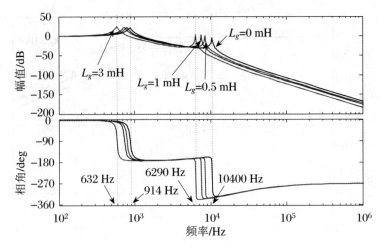

（c）$L_g = 0$ mH、0.5 mH、1 mH 和 3 mH 时

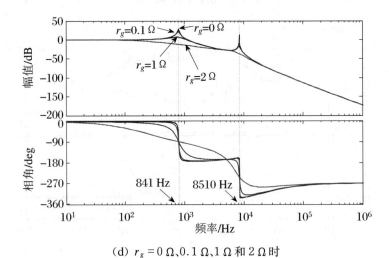

（d）$r_g = 0\ \Omega$、0.1 Ω、1 Ω 和 2 Ω 时

续图 4.25　各参数变化时指令电流到并网电流的谐振特性分析

图 4.25(a)给出了 $K_{cp} = 0.1$、1、10 和 100 时指令电流到并网电流的谐振特性的变化情况。在 K_{cp} 取值较小，如 $K_{cp} = 0.1$ 时，$\Phi_{i_1^* \to i_g}(S)$ 频率特性出现了两个谐振点：高频段的主谐振点和低频段的副谐振点，其中，副谐振点出现在 841 Hz 附近位置。随着 K_{cp} 取值的增加，副谐振点处谐振峰值逐渐减小，在 $K_{cp} = 1$ 时，副谐振点处谐振峰几乎消失；同时主谐振点不发生偏移，但主谐振点处谐振峰值逐渐增加，谐振特性增强。另外，随着 K_{cp} 取值的增加，高频衰减特性有所减弱。图 4.25(b)给出了 $K_{ci} = 10$、100、1000 和 2000 时指令电流到并网电流的谐振特性的变化情况，为了突出积分系数对谐振特性的影响，此时取 $K_{cp} = 0.1$。随着 K_{ci} 的增加，副谐振点向高频方向偏移，在 K_{ci} 为 2000 时，副谐振点处于 1160 Hz 附近位置，表明积分系数的变化引起的谐振频段范围很广。图 4.25(c)给出了 $L_g = 0$ mH、

0.5 mH、1 mH 和 3 mH 时指令电流到并网电流的谐振特性的变化情况。电网传输线电抗从 0 mH 至 3 mH 逐渐增加时，$\Phi_{i_1^* \to i_g}(S)$ 频率特性的主、副谐振频率点均向低频方向偏移。其中，主谐振点变化范围从 10400 Hz 至 6290 Hz，副谐振点变化范围从 914 Hz 至 632 Hz，导致系统发生低频谐振的可能性增加。图 4.25(d) 给出了 $r_g = 0\,\Omega$、$0.1\,\Omega$、$1\,\Omega$ 和 $2\,\Omega$ 时指令电流到并网电流的谐振特性的变化情况。在 $r_g = 0\,\Omega$ 时，$\Phi_{i_1^* \to i_g}(S)$ 频率特性谐振尖峰幅值处于最大值，随着 r_g 增加，谐振尖峰幅值逐渐减小，在 $r_g = 2\,\Omega$ 时，谐振尖峰几乎被消除。

综合以上各参数变化时指令电流到并网电流的谐振特性的变化情况，可以得出以下结论：在考虑逆变器指令电流的影响时，逆变器控制器中比例系数的增加会使得低频段的副谐振峰消除，而截止频率处的主谐振峰逐渐加强；积分系数的改变引起低频段处的副谐振峰在较宽的范围内变化，副谐振峰的偏移范围几乎覆盖了 5、7、11、13、17 和 19 次谐波频率，导致系统发生谐振的可能性增大；电网传输线电阻的存在，对谐振起到抑制作用，电网传输线电抗的增加，使得主、副谐振点向低频段偏移，覆盖了低次谐波频率范围，逆变器发生低频谐振的可能性增大。

4.2.2　电网侧引起的谐振机理分析

根据式(4.11)，在分析电网电压对并网电流的影响时，可以将指令电流的影响设置为零，此时电网电压到并网电流的传递函数如下：

$$
\begin{aligned}
\Phi_{u_g \to i_g}(S) &= \frac{i_g}{u_g} = \frac{1}{Z_{eq} + Z_{L_2} + Z_g} \\
&= \frac{CL_1 S^3 + (K_{cp} C K_{SPWMDelay} + r_{L_1} C)S^2 + (K_{ci} K_{SPWMDelay} C + 1)S}{\left\{ \begin{array}{l} S^4 \cdot (L_2 + L_g)CL_1 + S^3 \cdot [(r_{L_2} + r_g)CL_1 + (L_2 + L_g) \\ \cdot (K_{cp} C K_{SPWMDelay} + r_{L_1} C)] + S^2 \cdot [L_1 + (r_{L_2} + r_g)(K_{cp} C K_{SPWMDelay} \\ + r_{L_1} C) + (L_2 + L_g)(K_{ci} K_{SPWMDelay} C + 1)] + S \cdot \\ [(K_{cp} K_{SPWMDelay} + r_{L_1}) + (r_{L_2} + r_g)(K_{ci} K_{SPWMDelay} C + 1)] + K_{ci} K_{SPWMDelay} \end{array} \right\}}
\end{aligned}
$$

$$(4.13)$$

由式(4.13)可见，系统控制参数 K_{cp} 和 K_{ci}，以及电网电阻 r_g 和电抗 L_g 的变化均会对从电网电压到并网电流的传递特性产生影响。图 4.26 给出了各参数变化时电网电压到并网电流的谐振特性变化情况。

图 4.26(a)给出了 $K_{cp} = 0.1$、1、10 和 100 时电网电压到并网电流的谐振特性变化情况。在 K_{cp} 取值较小，即 $K_{cp} = 0.1$ 时，$\Phi_{u_g \to i_g}(S)$ 频率特性曲线存在两个正的谐振尖峰：位于高频段的主谐振尖峰和低频段的副谐振尖峰，主谐振尖峰处于 8510 Hz 附近位置，副谐振尖峰处于 841 Hz 附近位置，在主谐振尖峰的低频方向一侧，还存在一个负的衰减尖峰，负的衰减尖峰可以将来自复杂电网背景同频率的谐波衰减掉，对提高并网电流的质量起到积极作用。随着 K_{cp} 取值的增加，副谐振尖

峰和负的衰减尖峰将逐渐消除,主谐振尖峰的幅度和位置变化较小,表明比例系数的增加有利于克服低频谐振。图 4.26(b)给出了 $K_{ci}=10$、100、1000 和 2000 时电网电压到并网电流的谐振特性变化情况。随着 K_{ci} 的增加,副谐振点向高频方向偏移,在 K_{ci} 为 10 时,副谐振点处于 87 Hz 附近位置,在 K_{ci} 为 2000 时,副谐振点处于 1160 Hz 附近位置,表明积分系数的变化引起的谐振频段范围很广,几乎覆盖了 5、7、11、13、17 和 19 次谐波频率,在来自复杂电网背景低次谐波的激励下,系统极易发生谐振。图 4.26(c)给出了 $L_g=0$ mH、0.5 mH、1 mH 和 3 mH 时电网电压到并网电流的谐振特性变化情况。电网传输线电抗从 0 mH 至 3 mH 逐渐增加时,$\Phi_{u_g \to i_g}(S)$ 频率特性主、副谐振频率点均向低频方向偏移,副谐振频率点变化范围为 632～914 Hz,主谐振频率点变化范围为 6290～10400 Hz,副谐振频率点变化范围几乎覆盖了 11、13、17 和 19 次谐波频率,在来自于复杂电网背景低次谐波的激励下,极易引发系统谐振。图 4.26(d)给出了 $r_g=0.1$ Ω、0.5 Ω、1 Ω 和 2 Ω 时电网电压到并网电流的谐振特性变化情况。在 $r_g=0$ Ω 时,$\Phi_{u_g \to i_g}(S)$ 频率特性谐振尖峰幅值处于最大值,随着 r_g 增加,谐振尖峰幅值逐渐减小,在 $r_g=2$ Ω 时,谐振尖峰几乎被消除,表明电网电阻的存在有利于消除来自于电网背景谐波的影响。

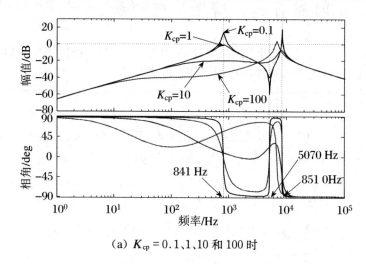

(a) $K_{cp}=0.1$、1、10 和 100 时

图 4.26　各参数变化时电网电压到并网电流的谐振特性分析

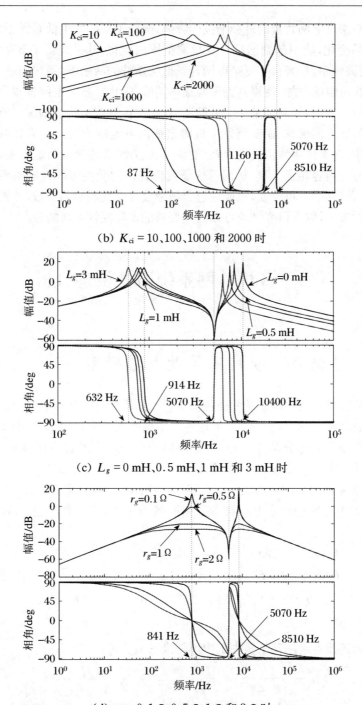

(b) $K_{ci} = 10$、100、1000 和 2000 时

(c) $L_g = 0\,\mathrm{mH}$、$0.5\,\mathrm{mH}$、$1\,\mathrm{mH}$ 和 $3\,\mathrm{mH}$ 时

(d) $r_g = 0.1\,\Omega$、$0.5\,\Omega$、$1\,\Omega$ 和 $2\,\Omega$ 时

续图 4.26　各参数变化时电网电压到并网电流的谐振特性分析

综合以上各参数变化时电网电压到并网电流的谐振特性变化情况,可以得出以下结论:对于来自复杂电网背景谐波的影响,逆变器控制器中比例系数的增加,

有利于克服来自电网背景的低频谐波的影响,降低了系统发生低频谐振的可能性;积分系数的变化,能引起副谐振点在较宽范围内变化,几乎覆盖了 5、7、11、13、17 和 19 次谐波频率,在来自于复杂电网背景低次谐波的激励下,系统极易发生谐振;电网传输线电阻的增加,使得副谐振峰逐渐消除,阻止了复杂电网背景谐波对逆变器输出电流的影响,抑制了系统的低频谐振;电网传输线电抗的增加,使得主、副谐振点均向低频方向偏移,逆变器发生低频谐振的可能性增大。在第 3 章谐波交互分析内容中,电网传输线阻抗的存在,使得 5 次、7 次谐波含量明显增加,这与以上谐振特性分析内容相互一致,从而可佐证我们提出的受控源等效电路模型的正确性。电网环境几乎不可改变,只能通过合理地设置逆变器控制参数,才能有效避免系统谐振的发生,以上研究结论可以为逆变器的设计提供有益的参考。

4.3　多机并网系统谐振机理分析

4.3.1　多机系统受控源等效电路模型

多台逆变器并联并网系统的受控源等效电路模型可以从单机受控源等效电路模型中拓展得出,根据多台逆变器并联并网系统接入方案可知,每一个接入单元中的多台逆变器是通过公共连接点(PCC)链接在一起,再通过变压器集中并网的。经过拓展后的多台逆变器并联并网系统的受控源等效电路模型如图 4.27 所示。鉴于 d 轴和 q 轴模型的对称关系,这里只考虑其中一种,并将下标省略。

图 4.27 中,在各个逆变器的参数相同的情况下,其参数表达式如式(4.14)所示:

$$\begin{cases} U_{\mathrm{eq\_}i} = (K_{\mathrm{cp}}K_{\mathrm{SPWMDelay}}S + K_{\mathrm{ci}}K_{\mathrm{SPWMDelay}}) \cdot G_{\mathrm{den\_}i}(S)^{-1} \cdot i_1^* \\ Z_{\mathrm{eq\_}i} = [L_1S^2 + (K_{\mathrm{cp}}K_{\mathrm{SPWMDelay}} + r_{L_1})S + K_{\mathrm{ci}}K_{\mathrm{SPWM\,Delay}}] \cdot G_{\mathrm{den\_}i}(S)^{-1} \\ G_{\mathrm{den\_}i}(S) = CL_1S^3 + (K_{\mathrm{cp}}K_{\mathrm{SPWMDelay}}C + Cr_{L_1})S^2 + (K_{\mathrm{ci}}K_{\mathrm{SPWMDelay}}C + 1)S \end{cases}$$

$$(4.14)$$

在公共连接点运用基尔霍夫定律可得以下关系式:

$$\Big[\sum_{i=1}^{n}\frac{1}{Z_{\mathrm{eq\_}i} + Z_{L_2\_i}} + \frac{1}{Z_g}\Big]u_{\mathrm{pcc}} = \sum_{i=1}^{n}\frac{\mu_i i_{1i}^*}{Z_{\mathrm{eq\_}i} + Z_{L_2\_i}} + \frac{u_g}{Z_g} \tag{4.15}$$

根据式(4.15),即可求出第 i 台逆变器并网电流如式(4.16)所示:

$$
i_{g\_i} = \frac{\mu_i i_{1i}^* - u_{\text{pcc}}}{Z_{\text{eq}\_i} + Z_{L_2\_i}} = \frac{\left[\displaystyle\sum_{k=1}^{n} \frac{1}{Z_{\text{eq}\_k} + Z_{L_2\_k}} + \frac{1}{Z_g}\right]\mu_i i_{1i}^* - \displaystyle\sum_{k=1}^{n} \frac{\mu_k i_{1k}^*}{Z_{\text{eq}\_k} + Z_{L_2\_k}} - \frac{u_g}{Z_g}}{\left[Z_{\text{eq}\_i} + Z_{L_2\_i}\right]\left[\displaystyle\sum_{k=1}^{n} \frac{1}{Z_{\text{eq}\_k} + Z_{L_2\_k}} + \frac{1}{Z_g}\right]}
$$

$$(4.16)$$

其中，$\mu_i = (K_{\text{cp}} K_{\text{SPWMDelay}} S + K_{\text{ci}} K_{\text{SPWMDelay}}) \cdot G_{\text{den}\_i}(S)^{-1}$。式(4.16)经过整理可以写成式(4.17)：

$$
i_{g\_i} = \frac{\left[\displaystyle\sum_{k=1}^{n} \frac{1}{Z_{\text{eq}\_k} + Z_{L_2\_k}} + \frac{1}{Z_g}\right]\mu_i i_{1i}^* - \displaystyle\sum_{k=1}^{n} \frac{\mu_k i_{1k}^*}{Z_{\text{eq}\_k} + Z_{L_2\_k}}}{\left[Z_{\text{eq}\_i} + Z_{L_2\_i}\right]\left[\displaystyle\sum_{k=1}^{n} \frac{1}{Z_{\text{eq}\_k} + Z_{L_2\_k}} + \frac{1}{Z_g}\right]}
$$
$$
- \frac{1}{Z_g\left[Z_{\text{eq}\_i} + Z_{L_2\_i}\right]\left[\displaystyle\sum_{k=1}^{n} \frac{1}{Z_{\text{eq}\_k} + Z_{L_2\_k}} + \frac{1}{Z_g}\right]}u_g
$$

$$(4.17)$$

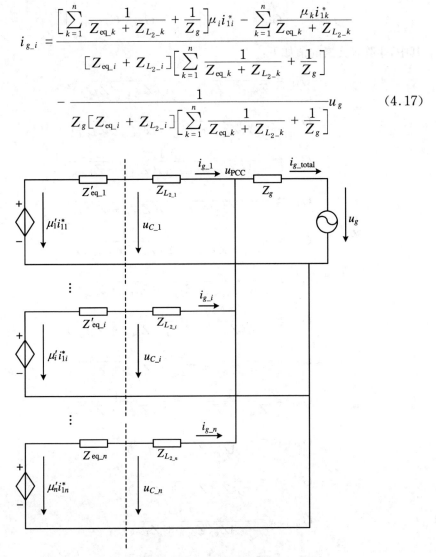

图 4.27　多台逆变器并联并网系统受控源等效电路模型

式(4.17)表明，第 i 台逆变器的输出电流与电网阻抗以及其他各台逆变器的等效输出阻抗存在耦合关系,受自身电流指令值、其他逆变器电流指令值以及并网点电压的影响。

根据式(4.17)可以写出各台逆变器输出电流的矩阵表达式如下:

$$
\begin{bmatrix} i_{g\_1} \\ \vdots \\ i_{g\_i} \\ \vdots \\ i_{g\_n} \end{bmatrix} = \begin{bmatrix} G_{11} & \cdots & G_{1i} & \cdots & G_{1n} & G_{1(n+i)} \\ \vdots & \ddots & \vdots & \ddots & \vdots & \vdots \\ G_{i1} & \cdots & G_{ii} & \cdots & G_{in} & G_{i(n+1)} \\ \vdots & \ddots & \vdots & \ddots & \vdots & \vdots \\ G_{n1} & \cdots & G_{ni} & \cdots & G_{nn} & G_{n(n+1)} \end{bmatrix} \begin{bmatrix} \mu_1 i_{11}^* \\ \vdots \\ \mu_i i_{1i}^* \\ \vdots \\ \mu_n i_{1n}^* \\ u_g \end{bmatrix} \tag{4.18}
$$

其中,矩阵各元素的值如下:

$$
G_{11} = \frac{1}{Z_{eq\_1} + Z_{L_2\_1}} - \frac{1}{A(Z_{eq\_1} + Z_{L_2\_1})^2}
$$

$$
G_{i1} = - \frac{1}{A(Z_{eq\_1} + Z_{L_2\_1})(Z_{eq\_i} + Z_{L_2\_i})}
$$

$$
G_{n1} = - \frac{1}{A(Z_{eq\_1} + Z_{L_2\_1})(Z_{eq\_n} + Z_{L_2\_n})}
$$

$$
G_{1i} = - \frac{1}{A(Z_{eq\_1} + Z_{L_2\_1})(Z_{eq\_i} + Z_{L_2\_i})}
$$

$$
G_{ii} = \frac{1}{Z_{eq\_i} + Z_{L_2\_i}} - \frac{1}{A(Z_{eq\_i} + Z_{L_2\_i})^2}
$$

$$
G_{ni} = - \frac{1}{A(Z_{eq\_n} + Z_{L_2\_n})(Z_{eq\_i} + Z_{L_2\_i})}
$$

$$
G_{1n} = - \frac{1}{A(Z_{eq\_1} + Z_{L_2\_1})(Z_{eq\_n} + Z_{L_2\_n})}
$$

$$
G_{in} = - \frac{1}{A(Z_{eq\_i} + Z_{L_2\_i})(Z_{eq\_n} + Z_{L_2\_n})}
$$

$$
G_{nn} = \frac{1}{Z_{eq\_n} + Z_{L_2\_n}} - \frac{1}{A(Z_{eq\_n} + Z_{L_2\_n})^2}
$$

$$
G_{1(n+1)} = - \frac{1}{AZ_g(Z_{eq\_1} + Z_{L_2\_1})}
$$

$$
G_{i(n+1)} = - \frac{1}{AZ_g(Z_{eq\_i} + Z_{L_2\_i})}
$$

$$
G_{n(n+1)} = - \frac{1}{AZ_g(Z_{eq\_n} + Z_{L_2\_n})}
$$

$$
A = \left[\sum_{k=1}^{n} \frac{1}{Z_{eq\_k} + Z_{L_2\_k}} + \frac{1}{Z_g} \right]
$$

式(4.18)即为多台逆变器并联并网系统的数学模型,其中 $\mu_i G_{ii}$ 表明了第 i 台逆变器并网电流与自身参数的耦合关系，$\mu_j G_{ij}(j \in [1, n]$ 且 $i \neq j)$ 表明了第 i 台逆变器并网电流与第 j 台逆变器参数的耦合关系，$G_{i(n+1)}$ 表明了第 i 台逆变器并网电流与复杂电网参数的耦合关系。当电网阻抗趋向于零时，A 的值会趋向无穷大，这样式（4.18）中的矩阵元素除了 $\mu_i G_{ii}$ 外，其余的均为零，即多台逆变器之间的耦合以及逆变器与电网之间的耦合影响消失，由此可见，多逆变器并联并网系统中的耦合影响是通过电网阻抗产生的。为分析方便，在下面的分析过程中令各台逆变器的滤波参数和控制参数相同。

如果各逆变器的电流指令信号相同，根据式（4.16）可得式（4.19）和式（4.20）：

$$i_{g\_i} = \frac{\mu_i i_{1i}^* - u_{pcc}}{Z_{eq\_i} + Z_{L_2-i}} = \frac{\left(\sum\limits_{k=1}^{n} \dfrac{1}{Z_{eq\_k} + Z_{L_2-k}} + \dfrac{1}{Z_g}\right)\mu_i i_{1i}^* - \sum\limits_{k=1}^{n} \dfrac{\mu_k i_{1k}^*}{Z_{eq\_k} + Z_{L_2-k}} - \dfrac{u_g}{Z_g}}{(Z_{eq\_i} + Z_{L_2-i})\left(\sum\limits_{k=1}^{n} \dfrac{1}{Z_{eq\_k} + Z_{l2\_k}} + \dfrac{1}{Z_g}\right)}$$

$$= \frac{\mu_i i_{1i}^* - u_g}{Z_{eq\_i} + Z_{L_2-i} + nZ_g} \tag{4.19}$$

$$i_{g\_total} = ni_{g\_i} = \frac{n(\mu_i i_{1i}^* - u_g)}{Z_{eq\_i} + Z_{L_2-i} + nZ_g} = \frac{\mu_i i_{1i}^* - u_g}{\dfrac{1}{n}Z_{eq\_i} + \dfrac{1}{n}Z_{L_2-i} + Z_g} \tag{4.20}$$

根据式（4.20），图 4.27 可以等效成图 4.28。

令 $Z_{o\_i} = Z_{eq\_i} + Z_{L_2-i}$ 为单个逆变器的输出阻抗，则 $Z_{o\_total} = \dfrac{1}{n}Z_{eq\_i} + \dfrac{1}{n}Z_{L_2-i}$ 为多逆变器并联并网系统总的输出阻抗，根据串联谐振电路的谐振条件可知，在特定的频率下，如果 Z_{o_total} 与 Z_g 的幅值接近相等，同时相位差在 180° 附近，系统将会发生谐振，在谐振频率点 $Z_{o\_total} + Z_g$ 将达到最小值。

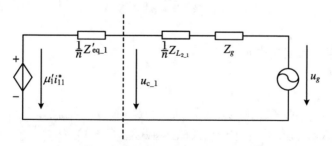

图 4.28　多机系统受控源简化等效电路

4.3.2　逆变器自耦合谐振机理分析

将逆变器的受控源等效电路参数代入式（4.18），则 $\mu_i G_{ii}(S)$ 计算结果如式

(4.21)所示：

$$\mu_i G_{ii}(S) = \frac{\mu_i}{Z_{eq\_i} + Z_{L_2\_i}} - \frac{\mu_i}{A(Z_{eq\_i} + Z_{L_2\_i})^2}$$

$$= \frac{S \cdot K_{cp} K_{SPWMDelay} + K_{ci} K_{SPWMDelay}}{\left\{\begin{array}{l}[L_1 S^2 + (K_{cp} K_{SPWMDelay} + r_{L_1})S + K_{ci} K_{SPWMDelay}] \\ + (r_{L_2} + SL_2)[CL_1 S^3 + (K_{cp} CK_{SPWMDelay} \\ + r_{L_1} C)S^2 + (K_{ci} K_{SPWMDelay} C + 1)S]\end{array}\right\}}$$

$$- \frac{\left\{\begin{array}{l}[CL_1 S^3 + (K_{cp} CK_{SPWMDelay} + r_{L_1} C)S^2 + (K_{ci} K_{SPWMDelay} C \\ + 1)S] \cdot (K_{cp} K_{SPWMDelay} S + K_{ci} K_{SPWMDelay})(SL_g + r_g)\end{array}\right\}}{\left\{\begin{array}{l}\{S^4 \cdot L_2 CL_1 + S^3 \cdot [r_{L_2} CL_1 + L_2(K_{cp} CK_{SPWMDelay} + r_{L_1} C)] \\ + S^2 \cdot [L_1 + r_{L_2}(K_{cp} CK_{SPWMDelay} + r_{L_1} C) + L_2(K_{ci} K_{SPWMDelay} C + 1)] \\ + S \cdot [(K_{cp} K_{SPWMDelay} + r_{L_1}) + r_{L_2}(K_{ci} K_{SPWMDelay} C + 1)] \\ + K_{ci} K_{SPWMDelay}\} \cdot \{[CL_1 S^3 + (K_{cp} CK_{SPWMDelay} + r_{L_1} C)S^2 \\ + (K_{ci} K_{SPWMDelay} C + 1)S] \cdot n(SL_g + r_g) + 1\}\end{array}\right\}}$$

$$\tag{4.21}$$

整理后可得式(4.22)：

$$\mu_i G_{ii}(S) = \frac{\mu_i}{Z_{eq\_i} + Z_{L_2\_i}} - \frac{\mu_i}{A(Z_{eq\_i} + Z_{l2\_i})^2}$$

$$= \frac{S \cdot b_1 + b_0}{S^4 \cdot a_4 + S^3 \cdot a_3 + S^2 \cdot a_2 + S \cdot a_1 + a_0}$$

$$- \frac{S^5 \cdot b'_5 + S^4 \cdot b'_4 + S^3 \cdot b'_3 + S^2 \cdot b'_2 + S \cdot b'_1 + b'_0}{\left\{\begin{array}{l}S^8 \cdot a'_8 + S^7 \cdot a'_7 + S^6 \cdot a'_6 + S^5 \cdot a'_5 \\ + S^4 \cdot a'_4 + S^3 \cdot a'_3 + S^2 \cdot a'_2 + S^1 \cdot a'_1 + a'_0\end{array}\right\}}$$

$$\tag{4.22}$$

式(4.22)中各元素表达式如下：

$$a_4 = CL_1 L_2$$

$$a_3 = r_{L2} CL_1 + L_2(K_{cp} CK_{SPWMDelay} + r_{L_1} C)$$

$$a_2 = L_1 + r_{L_2}(K_{cp} CK_{SPWMDelay} + r_{L_1} C) + L_2(K_{ci} K_{SPWMDelay} C + 1)$$

$$a_1 = (K_{cp} K_{SPWMDelay} + r_{L_1}) + r_{L_2}(K_{ci} K_{SPWMDelay} C + 1)$$

$$a_0 = K_{ci} K_{SPWMDelay}$$

$$b_1 = K_{cp} K_{SPWMDelay}$$

$$b_0 = K_{ci} K_{SPWMDelay}$$

$$a'_8 = CL_1 L_2 CL_1 nL_g$$

$$a'_7 = CL_1 L_2[CL_1 nr_g + (K_{cp} CK_{SPWMDelay} + r_{L_1} C)nL_g] + CL_1 nL_g[r_{L_2} CL_1 + L_2(K_{cp} CK_{SPWMDelay} + r_{L_1} C)]$$

$$a'_6 = CL_1 L_2 \big[(K_{cp} C K_{SPWMDelay} + r_{L_1} C) n r_g + (K_{ci} K_{SPWMDelay} C + 1) n L_g \big]$$
$$+ \big[r_{L_2} CL_1 + L_2 (K_{cp} C K_{SPWMDelay} + r_{L_1} C) \big] \cdot \big[CL_1 n r_g + (K_{cp} C K_{SPWMDelay}$$
$$+ r_{L_1} C) n L_g \big] + CL_1 n L_g \big[L_1 + r_{L_2} (K_{cp} C K_{SPWMDelay} + r_{L_1} C)$$
$$+ L_2 (K_{ci} K_{SPWMDelay} C + 1) \big]$$

$$a'_5 = CL_1 L_2 (K_{ci} K_{SPWMDelay} C + 1) n r_g + \big[r_{L_2} CL_1 + L_2 (K_{cp} C K_{SPWMDelay} + r_{L_1} C) \big]$$
$$\cdot \big[(K_{cp} C K_{SPWMDelay} + r_{L_1} C) n r_g + (K_{ci} K_{SPWMDelay} C + 1) n L_g \big]$$
$$+ \big[L_1 + r_{L_2} (K_{cp} C K_{SPWMDelay} + r_{L_1} C) + L_2 (K_{ci} K_{SPWMDelay} C + 1) \big]$$
$$\cdot \big[CL_1 n r_g + (K_{cp} C K_{SPWMDelay} + r_{L_1} C) n L_g$$
$$+ CL_1 n L_g \big[(K_{cp} K_{SPWMDelay} + r_{L_1}) + r_{L_2} (K_{ci} K_{SPWMDelay} C + 1) \big]$$

$$a'_4 = CL_1 L_2 + \big[r_{L_2} CL_1 + L_2 (K_{cp} C K_{SPWMDelay} + r_{L_1} C) \big] \cdot \big[(K_{ci} K_{SPWMDelay} C + 1) n r_g \big]$$
$$+ \big[L_1 + r_{L_2} (K_{cp} C K_{SPWMDelay} + r_{L_1} C) + L_2 (K_{ci} K_{SPWMDelay} C + 1) \big]$$
$$\cdot \big[(K_{cp} C K_{SPWMDelay} + r_{L_1} C) n r_g + (K_{ci} K_{SPWMDelay} C + 1) n L_g \big]$$
$$+ \big[(K_{cp} K_{SPWMDelay} + r_{L_1}) + r_{L_2} (K_{ci} K_{SPWMDelay} C + 1) \big]$$
$$\cdot \big[CL_1 n r_g + (K_{cp} C K_{SPWMDelay} + r_{L_1} C) n L_g \big] + K_{ci} K_{SPWMDelay} CL_1 n L_g$$

$$a'_3 = \big[r_{L_2} CL_1 + L_2 (K_{cp} C K_{SPWMDelay} + r_{L_1} C) \big] + \big[L_1 + r_{L_2} (K_{cp} C K_{SPWMDelay}$$
$$+ r_{L_1} C) + L_2 (K_{ci} K_{SPWMDelay} C + 1) \big] \cdot \big[(K_{ci} K_{SPWMDelay} C + 1) n r_g \big]$$
$$+ \big[(K_{cp} K_{SPWMDelay} + r_{L_1}) + r_{L_2} (K_{ci} K_{SPWMDelay} C + 1) \big]$$
$$\cdot \big[(K_{cp} C K_{SPWMDelay} + r_{L_1} C) n r_g + (K_{ci} K_{SPWMDelay} C + 1) n L_g \big]$$
$$+ K_{ci} \big[CL_1 n r_g + (K_{cp} C K_{SPWMDelay} + r_{L_1} C) n L_g \big]$$

$$a'_2 = \big[L_1 + r_{L_2} (K_{cp} C K_{SPWMDelay} + r_{L_1} C) + L_2 (K_{ci} K_{SPWMDelay} C + 1) \big]$$
$$+ \big[(K_{cp} K_{SPWMDelay} + r_{L_1}) + r_{L_2} (K_{ci} K_{SPWMDelay} C + 1) \big]$$
$$\cdot \big[(K_{ci} K_{SPWMDelay} C + 1) n r_g \big] + K_{ci} \big[CL_1 n r_g + (K_{cp} C K_{SPWMDelay} + r_{L_1} C) n L_g \big]$$

$$a'_1 = \big[(K_{cp} K_{SPWMDelay} + r_{L_1}) + r_{L_2} (K_{ci} K_{SPWMDelay} C + 1) \big]$$
$$+ K_{ci} \big[(K_{ci} K_{SPWMDelay} C + 1) n r_g \big]$$

$$a'_0 = K_{ci}$$

$$b'_5 = CL_1 L_g K_{cp} C K_{SPWMDelay}$$

$$b'_4 = \big[CL_1 (r_g K_{cp} K_{SPWMDelay} + K_{ci} K_{SPWMDelay} L_g)$$
$$+ (K_{cp} C K_{SPWMDelay} + r_{L_1} C) K_{cp} K_{SPWMDelay} L_g \big]$$

$$b'_3 = \big[CL_1 r_g K_{ci} K_{SPWMDelay} + (K_{cp} C K_{SPWMDelay} + r_{L_1} C) (r_g K_{cp} K_{SPWMDelay}$$
$$+ K_{ci} K_{SPWMDelay} L_g) + K_{cp} K_{SPWMDelay} L_g (K_{ci} K_{SPWMDelay} C + 1) \big]$$

$$b'_2 = \big[(K_{cp} C K_{SPWMDelay} + r_{L_1} C) + (K_{ci} K_{SPWMDelay} C + 1)$$
$$\cdot (r_g K_{cp} K_{SPWMDelay} + K_{ci} K_{SPWMDelay} L_g) \big]$$

$$b'_1 = (K_{ci} K_{SPWMDelay} C + 1)$$

$$b'_0 = 0$$

式(4.22)表明,多逆变器并联并网系统中,控制环节的比例系数和积分系数,以及电网阻抗的变化均会对逆变器自身的耦合谐振特性产生影响。图 4.29 给出

了各参数变化时 $\mu_i G_{ii}(S)$ 频率特性的变化情况。

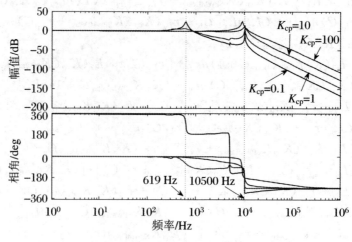

（a）$K_{cp} = 0.1$、1、10 和 100 时

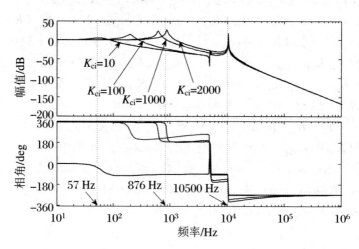

（b）$K_{ci} = 10$、100、1000 和 2000 时

图 4.29　各参数变化时 $\mu_i G_{ii}(S)$ 的频率特性

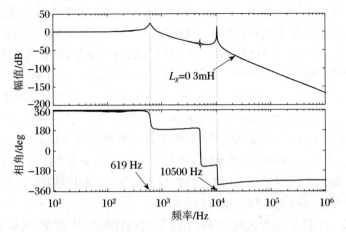

(c) $L_g = 0$ mH、0.5 mH、1 mH 和 3 mH 时

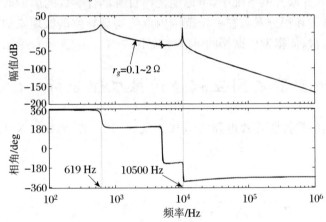

(d) $r_g = 0.1\,\Omega$、$0.5\,\Omega$、$1\,\Omega$ 和 $2\,\Omega$ 时

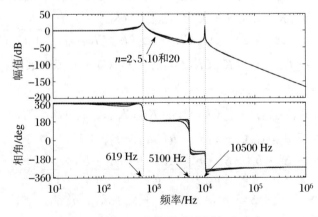

(e) $n = 2$、5、10 和 20 时

续图 4.29　各参数变化时 $\mu_i G_{ii}(S)$ 的频率特性

图 4.29(a) 给出了 $K_{cp} = 0.1$、1、10 和 100 时 $\mu_i G_{ii}(S)$ 频率特性的变化情况。

在 K_{cp} 取值较小,即 $K_{cp}=0.1$ 时,$\mu_i G_{ii}(S)$ 频率特性曲线存在两个正的谐振尖峰:位于高频段的主谐振尖峰和低频段的副谐振尖峰,主谐振尖峰位于 10500 Hz 频率点,副谐振尖峰位于 619 Hz 频率点。随着 K_{cp} 取值的增加,副谐振尖峰逐渐消除,但主谐振尖峰的幅度增加较大。图 4.29(b) 给出了 $K_{ci}=10$、100、1000 和 2000 时 $\mu_i G_{ii}(S)$ 频率特性的变化情况。随着 K_{ci} 取值的增加,主谐振尖峰幅值以及主谐振频率点的位置变化不大,但副谐振尖峰向高频方向偏移,几乎覆盖了 5、7、11、13、17 和 19 次谐波频率,而且幅度逐渐增加,谐振的特性逐渐加强。图 4.29(c)、(d)、(e)分别给出了 $L_g=0$ mH、0.5 mH、1 mH 和 3 mH,$r_g=0.1\,\Omega$、$0.5\,\Omega$、$1\,\Omega$ 和 $2\,\Omega$,$n=2$、5、10 和 20 时 $\mu_i G_{ii}(S)$ 频率特性的变化情况,可见电网阻抗参数以及逆变器并联台数的变化对逆变器自身耦合的影响极小。

综合以上控制参数变化时 $\mu_i G_{ii}(S)$ 频率特性的变化情况,可以得出以下结论:在多逆变器并联并网系统中,考虑逆变器自身耦合参数的影响时,逆变器控制器中的比例系数和积分系数在一定范围内取值均会导致谐振现象加剧,但可以通过合理配置参数,使得发生谐振的可能性减小。

4.3.3　逆变器之间互耦合谐振机理分析

将逆变器的受控源等效电路参数代入式(4.18),则 $\mu_n G_{in}(S)$ 计算结果如式(4.23)所示:

$$\mu_n G_{in}(S)$$

$$= -\frac{\mu_n}{A(Z_{eq\_i}+Z_{L_2\_i})(Z_{eq\_n}+Z_{L_2\_n})}$$

$$= -\frac{\left\{\begin{array}{l}[CL_1 S^3+(K_{cp}CK_{SPWMDelay}+r_{L_1}C)S^2+(K_{ci}K_{SPWMDelay}C+1)S]\\ \cdot(K_{cp}K_{SPWMDelay}S+K_{ci}K_{SPWMDelay})(SL_g+r_g)\end{array}\right\}}{\left\{\begin{array}{l}\{S^4 \cdot L_2 CL_1+S^3 \cdot [r_{L_2}CL_1+L_2(K_{cp}CK_{SPWMDelay}+r_{L_1}C)]\\ +S^2 \cdot [L_1+r_{L_2}(K_{cp}CK_{SPWMDelay}+r_{L_1}C)+L_2(K_{ci}K_{SPWMDelay}C+1)]\\ +S \cdot [(K_{cp}K_{SPWMDelay}+r_{L_1})+r_{L_2}(K_{ci}K_{SPWMDelay}C+1)]\\ +K_{ci}K_{SPWMDelay}\} \cdot \{[CL_1 S^3+(K_{cp}CK_{SPWMDelay}+r_{L_1}C)S^2\\ +(K_{ci}K_{SPWMDelay}C+1)S] \cdot n(SL_g+r_g)+1\}\end{array}\right\}}$$

$$= -\frac{S^5 \cdot b'_5+S^4 \cdot b'_4+S^3 \cdot b'_3+S^2 \cdot b'_2+S \cdot b'_1+b'_0}{\left\{\begin{array}{l}S^8 \cdot a'_8+S^7 \cdot a'_7+S^6 \cdot a'_6+S^5 \cdot a'_5\\ +S^4 \cdot a'_4+S^3 \cdot a'_3+S^2 \cdot a'_2+S^1 \cdot a'_1+a'_0\end{array}\right\}}$$

$$(4.23)$$

式(4.23)表明,多逆变器并联并网系统中,K_{cp}、K_{ci}、n、L_g 和 r_g 的变化会对逆变器之间的互相耦合谐振特性产生影响。图 4.30 给出了各参数变化时 $\mu_n G_{in}(S)$

频率特性的变化情况。

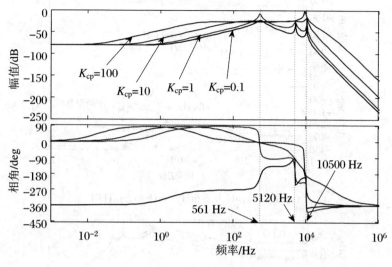

(a) $K_{cp} = 0.1$、1、10 和 100 时

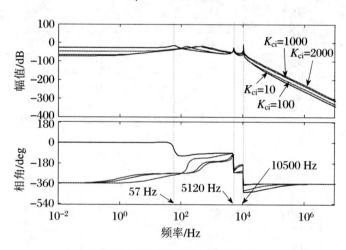

(b) $K_{ci} = 10$、100、1000 和 2000 时

图 4.30　各参数变化时 $\mu_n G_{in}$ 的频率特性

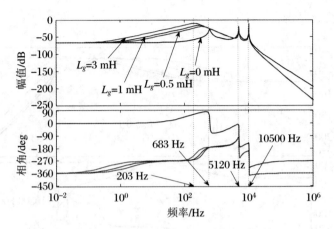

（c）$L_g = 0$ mH、0.5 mH、1 mH 和 3 mH 时

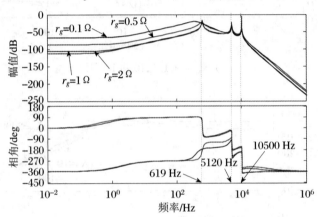

（d）$r_g = 0.1\,\Omega$、0.5 Ω、1 Ω 和 2 Ω 时

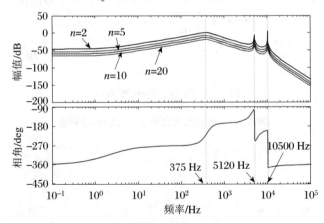

（e）$n = 2$、5、10 和 20 时

续图 4.30　各参数变化时 $\mu_n G_{in}$ 的频率特性

图 4.30(a) 给出了 $K_{cp} = 0.1$、1、10 和 100 时 $\mu_n G_{in}$ 频率特性的变化情况。在

K_{cp}取值较低,即 $K_{cp}=0.1$ 时,特性曲线出现了多个正的谐振尖峰,包括一个高频段的主谐振尖峰和两个中低频段的副谐振尖峰,谐振点的增加表明多机并联时,系统发生谐振的可能性增加。位于 561 Hz 附近的谐振尖峰会促使 11 次、13 次谐波含量的增加。随着比例系数取值的增加,低频段的副谐振尖峰逐渐消除,但整个低频段的特性增益增加,主谐振尖峰幅值增加,谐振现象加剧。图 4.30(b)给出了 $K_{ci}=10$、100、1000 和 2000 时 $\mu_n G_{in}$ 频率特性的变化情况。为了更好地反映低频段的谐振特性,此时系统比例系数的取值为 0.1。K_{ci} 取值增加过程中,主谐振尖峰及其临近的副谐振尖峰的幅值和位置几乎不发生变化,但 11 次、13 次谐波频段附近特性增益均在增加。图 4.30(c)给出了 $L_g=0$ mH、0.5 mH、1 mH 和 3 mH 时 $\mu_n G_{in}$ 频率特性的变化情况。在 $L_g=0$ mH 时,$\mu_n G_{in}$ 频率特性存在三个谐振尖峰,分别位于 10500 Hz、5120 Hz 和 683 Hz 频率处。随着电网传输线电抗的增加,位于 10500 Hz、5120 Hz 频率处的谐振尖峰特性几乎不变,位于 683 Hz 频率处的谐振尖峰逐渐向低频方向迁移,幅值逐渐增加,会促使 11 次、13 次谐波含量增加,可见系统发生低频谐振的可能性增加,谐振现象加剧。图 4.30(d)给出了 $r_g=$ 0.1 Ω、0.5 Ω、1 Ω 和 2 Ω 时 $\mu_n G_{in}$ 频率特性的变化情况。随着电网传输线电阻的增加,位于 10500 Hz、5120 Hz 频率处的谐振尖峰特性几乎不变,低频段的增益特性趋向减弱,但 619 Hz 频率处出现谐振尖峰,即 11 次、13 次谐波影响没有减弱。图 4.30(e)给出了 $n=2$、5、20 和 50 时 $\mu_n G_{in}$ 频率特性的变化情况。随着逆变器并联台数的增加,主谐振尖峰和副谐振尖峰幅值逐渐向 0 dB 以下平移,可见随着逆变器并网台数的增加,任意两台逆变器之间的相互影响在减弱。

综合以上参数变化时 $\mu_n G_{in}$ 频率特性的变化情况,可以得出以下结论:在多逆变器并联并网系统中,考虑逆变器之间互相耦合的影响时,特性曲线存在一个主谐振尖峰和多个副谐振尖峰,其中,位于 11 次、13 次谐波附近频段的副谐振峰幅值较大,与单机相比,系统发生低频谐振的可能性增加,谐振现象加剧。以上分析结论与第 3 章的谐波交互分析内容一致,在电网阻抗存在的条件下,并网电流中 11 次、13 次谐波含量相对最高。

4.3.4　逆变器与电网之间耦合谐振机理分析

将逆变器的受控源等效电路参数代入式(4.18),则 $G_{i(n+1)}(S)$ 计算结果如式(4.24)所示:

$$G_{i(n+1)}(S) = -\frac{1}{AZ_g(Z_{eq\_i}+Z_{L_2\_i})} = \frac{S^3 \cdot b''_3 + S^2 \cdot b''_2 + S \cdot b'' + b''_0}{S^4 \cdot a''_4 + S^3 \cdot a''_3 + S^2 \cdot a''_2 + S \cdot a''_1 + a''_0}$$

$$(4.24)$$

式(4.24)中各元素表达式如下:

$$a''_4 = L_2 CL_1 + CL_1 nL_g$$

$$a''_3 = \left[r_{L_2} CL_1 + L_2 (K_{cp} CK_{\text{SPWMDelay}} + r_{L_1} C) \right]$$
$$+ CL_1 nr_g + (K_{cp} CK_{\text{SPWMDelay}} + r_{L_1} C) nL_g$$

$$a''_2 = \left[L_1 + r_{L_2} (K_{cp} CK_{\text{SPWMDelay}} + r_{L_1} C) + L_2 (K_{ci} K_{\text{SPWMDelay}} C + 1) \right]$$
$$+ (K_{cp} CK_{\text{SPWMDelay}} + r_{L_1} C) nr_g + (K_{ci} K_{\text{SPWMDelay}} C + 1) nL_g$$

$$a''_1 = \left[(K_{cp} K_{\text{SPWMDelay}} + r_{L_1}) + r_{L_2} (K_{ci} K_{\text{SPWMDelay}} C + 1) \right]$$
$$+ (K_{ci} K_{\text{SPWMDelay}} C + 1) nr_g$$

$$a''_0 = K_{ci} K_{\text{SPWMDelay}}$$

$$b''_3 = CL_1$$

$$b''_2 = K_{cp} CK_{\text{SPWMDelay}} + r_{L_1} C$$

$$b''_1 = K_{ci} K_{\text{SPWMDelay}} C + 1$$

$$b''_0 = 0$$

式(4.24)表明,多逆变器并联并网系统中,K_{cp}、K_{ci}、n、L_g 和 r_g 的变化会对逆变器与电网之间的耦合特性产生影响。图 4.31 给出了各参数变化时 $G_{i(n+1)}(S)$ 频率特性的变化情况。

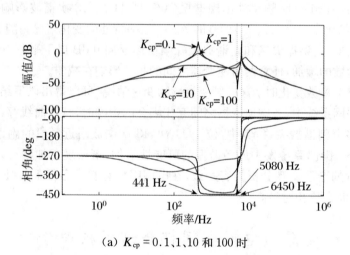

（a）$K_{cp} = 0.1$、1、10 和 100 时

图 4.31　各参数变化时 $G_{i(n+1)}$ 的频率特性

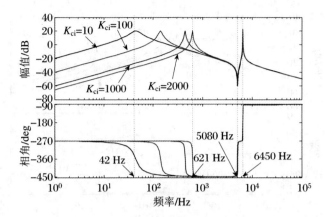

(b) $K_{ci} = 10$、100、1000 和 2000 时

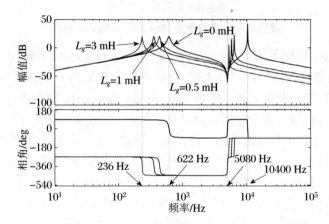

(c) $L_g = 0$ mH、0.5 mH、1 mH 和 3 mH 时

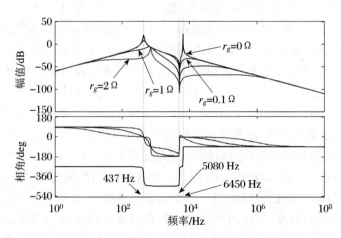

(d) $r_g = 0$ Ω、0.1 Ω、1 Ω 和 2 Ω 时

续图 4.31   各参数变化时 $G_{i(n+1)}$ 的频率特性

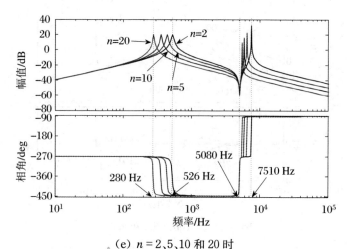

(e) $n = 2$、5、10 和 20 时

续图 4.31　各参数变化时 $G_{i(n+1)}$ 的频率特性

图 4.31(a) 给出了 $K_{cp} = 0.1$、1、10 和 100 时 $G_{i(n+1)}(S)$ 频率特性的变化情况。在 K_{cp} 取值较低，即 $K_{cp} = 0.1$ 时，特性曲线出现了两个正的谐振尖峰和一个负的衰减尖峰，正的谐振尖峰分别位于 6450 Hz 和 441 Hz 频率点，负的衰减尖峰位于 5080 Hz 频率点，位于低频处的副谐振尖峰的出现表明多机并联时，来自电网的低频谐波引发系统低频谐振的可能性大大增加；同时，在紧邻主谐振尖峰一侧的负衰减尖峰，对来自电网相应频率的谐波进行大幅衰减，消除了同频次谐波对并网电流的影响，对提高电流质量起到积极作用。随着比例系数取值的增加，副谐振尖峰和负的衰减尖峰逐渐消除，主谐振尖峰幅值也有所减弱，但不能完全消除。以上分析表明比例系数的增加，有利于消除来自电网谐波的影响。同时，以上比例系数增加过程中，各谐振点位置均不发生变化。图 4.31(b) 给出了 $K_{ci} = 1$、10、100 和 1000 时 $G_{i(n+1)}(S)$ 频率特性的变化情况。为了更好地反映低频段的谐振特性，此时系统比例系数的取值较低。K_{ci} 取值在增加过程中，主谐振尖峰及其临近的负的衰减尖峰的幅值和位置几乎不发生变化，位于低频段的副谐振尖峰逐渐向高频方向偏移，几乎覆盖了 5、7、11、13、17、19 谐波频率，且其幅值几乎不变。图 4.31(c) 给出了 $L_g = 0$ mH、0.5 mH、1 mH 和 3 mH 时 $G_{i(n+1)}(S)$ 频率特性的变化情况。在以上 L_g 的取值范围内，随着电网传输线电抗的增加，主谐振尖峰向 5080 Hz 频率点靠近，副谐振尖峰向低频方向偏移，偏移范围从 622 Hz 至 236 Hz。图 4.31(d) 给出了 $r_g = 0\ \Omega$、0.1 Ω、1 Ω 和 2 Ω 时 $G_{i(n+1)}(S)$ 频率特性的变化情况，随着电网传输线电阻的增加，主谐振尖峰和副谐振尖峰幅值逐渐减弱，在 $r_g = 2$ Ω 时，主谐振尖峰和副谐振尖峰消失，但负的衰减尖峰的衰减幅度增加，以上分析表明 r_g 的增加有利于克服来自电网背景谐波激发系统发生谐振的可能性。图 4.31(e) 给出了 $n = 2$、5、10 和 20 时 $G_{i(n+1)}(S)$ 频率特性的变化情况。随着逆变器并联台数的增加，主谐振尖峰向 5080 Hz 频率点靠近，副谐振尖峰向低频方向偏移，偏移范围从

526 Hz 至 280 Hz。

综合以上参数变化时 $G_{i(n+1)}(S)$ 频率特性的变化情况,可以得出以下结论:在多逆变器并联并网系统中,考虑逆变器与电网的耦合影响时,特性曲线存在一个位于高频段的主谐振尖峰、一个位于低频段的副谐振尖峰和一个负的衰减尖峰;比例系数和电网传输线电阻的增加,有利于克服来自电网谐波的影响;积分系数、电网传输线电抗和逆变器并联台数的变化,会导致位于低频段的副谐振尖峰在较大范围内偏移,发生低频谐振的可能性增大。综合各参数对系统谐振的影响,通过合理的参数设置,可以降低主谐振尖峰和副谐振尖峰幅值,减小来自电网背景谐波激发系统发生谐振的可能性。

4.3.5　并网总电流谐振机理分析

由式(4.21)可得

$$i_{g\_total} = ni_{L_2-i} = \frac{n(\mu_i i_{1i}^* - u_g)}{Z_{eq\_i} + Z_{l2\_i} + nZ_g}$$

$$= \frac{\dfrac{1}{n}\mu_i}{\dfrac{1}{n}Z_{eq\_i} + \dfrac{1}{n}Z_{L_2-i} + Z_g} ni_{1i}^* - \frac{1}{\dfrac{1}{n}Z_{eq\_i} + \dfrac{1}{n}Z_{L_2-i} + Z_g} u_g \quad (4.25)$$

根据式(4.25)可得 n 倍的指令电流到并网总电流的传递函数如下:

$$\Phi_{ni_1^* \to i_{g\_total}}(S) = \frac{i_{g\_total}}{ni_1^*} = \frac{\mu_i}{Z_{eq} + Z_{L_2} + nz_g}$$

$$= \frac{K_{cp}K_{SPWMDelay}S + K_{ci}K_{SPWMDelay}}{\left\{\begin{array}{l}[L_1 S^2 + (K_{cp}K_{SPWMDelay} + r_{L_1})S + K_{ci}K_{SPWMDelay}] \\ + (r_{L_2} + SL_2 + nr_g + SnL_g)[CL_1 S^3 \\ + (K_{cp}CK_{SPWMDelay} + r_{L_1}C)S^2 + (K_{ci}K_{SPWMDelay}C + 1)S]\end{array}\right\}}$$

$$= \frac{K_{cp}K_{SPWMDelay}S + K_{ci}K_{SPWMDelay}}{\left\{\begin{array}{l}S^4 \cdot (L_2 + nL_g)CL_1 + S^3 \cdot [(r_{L_2} + nr_g)CL_1 \\ + (L_2 + nL_g)(K_{cp}CK_{SPWMDelay} + r_{L_1}C)] + S^2 \\ \cdot [L_1 + (r_{L2} + nr_g)(K_{cp}CK_{SPWMDelay} + r_{L_1}C) \\ + (L_2 + nL_g)(K_{ci}K_{SPWMDelay}C + 1)] + S \\ \cdot [(K_{cp}K_{SPWMDelay} + r_{L_1}) + (r_{L_2} + nr_g) \\ \cdot (K_{ci}K_{SPWMDelay}C + 1)] + K_{ci}K_{SPWMDelay}\end{array}\right\}} \quad (4.26)$$

根据式(4.26)的特点,与单机并网时的式(4.12)相比,只是电网阻抗增加了 n 倍,对于 K_{cp}、K_{ci}、L_g、r_g 等参数的变化引起的特性变化,本质上与单机并网时相近,这里不再赘述,仅给出逆变器并联台数的变化对特性影响的分析。

图 4.32 给出了并网台数变化时 $\Phi_{ni_1^* \to i_{g\_total}}(S)$ 频率特性的变化情况。

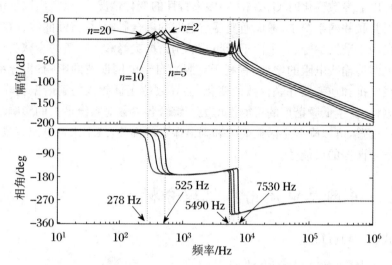

图 4.32　$n = 2$、5、10 和 20 时 $\Phi_{ni_1^* \to i_{g\_total}}(S)$ 的频率特性

图 4.32 给出了 $n = 2$、5、10 和 20 时 $\Phi_{ni_1^* \to i_{g\_total}}(S)$ 频率特性的变化情况。$\Phi_{ni_1^* \to i_{g\_total}}(S)$ 的频率特性存在两个谐振尖峰:位于高频段的主谐振尖峰和位于低频段的副谐振尖峰。随着 n 的增加,主、副谐振尖峰均向低频方向偏移,主谐振尖峰偏移范围从 7530 Hz 至 5490 Hz,副谐振尖峰偏移范围从 525 Hz 至 278 Hz,并网总电流发生低频谐振的可能性增大。

根据式(4.25)可得此时电网电压到并网总电流的传递函数如下:

$$\Phi_{u_g \to i_{g\_total}}(S)$$

$$= \frac{i_{g\_total}}{u_g} = -\frac{1}{\dfrac{1}{n}Z_{eq\_i} + \dfrac{1}{n}Z_{L_2-i} + Z_g}$$

$$= -\frac{nCL_1 S^3 + (K_{cp}CK_{SPWMDelay} + r_{L_1}C)nS^2 + (K_{ci}K_{SPWMDelay}C + 1)nS}{\left\{ \begin{array}{l} S^4 \cdot (L_2 + nL_g)CL_1 + S^3 \cdot [(r_{L_2} + nr_g)CL_1 + (L_2 + nL_g) \\ (K_{cp}CK_{SPWMDelay} + r_{L_1}C) + S^2 \cdot [L_1 + (r_{L_2} + nr_g) \\ (K_{cp}CK_{SPWMDelay} + r_{L_1}C) + (L_2 + nL_g)(K_{ci}K_{SPWMDelay}C + 1)] \\ + S \cdot [(K_{cp}K_{SPWMDelay} + r_{L_1}) + (r_{L_2} + nr_g) \\ \cdot (K_{ci}K_{SPWMDelay}C + 1)] + K_{ci}K_{SPWMDelay} \end{array} \right\}}$$

$$\tag{4.27}$$

根据式(4.27)的特点,与单机并网时的式(4.13)相比,只是逆变器输出阻抗减少了 n 倍,对于 K_{cp}、K_{ci}、L_g、r_g 等参数的变化引起的特性变化,本质上与单机并网时相近,这里也不再赘述,仅给出逆变器并联台数的变化对谐振特性影响的分析。图 4.33 给出了并网台数变化时 $\Phi_{u_g \to i_{g\_total}}(S)$ 的频率特性变化情况。

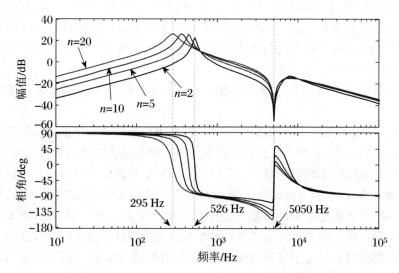

图 4.33　$n=2、5、10$ 和 20 时 $\varPhi_{u_g \to i_{g\_total}}(S)$ 频率特性

图 4.33 给出了 $n=2、5、10$ 和 20 时 $\varPhi_{u_g \to i_{g\_total}}(S)$ 的频率特性变化情况,与单机并网相比,位于低频段的谐振峰幅值明显提高;随着 n 取值的增加,谐振点偏移范围从 526 Hz 至 295 Hz,可见在电网背景低频谐波的影响下,系统发生低频谐振的可能性以及谐振的强度都在增大。

对于多逆变器并联并网系统,其中的每一个单一逆变器输出电流特性均是以上三种耦合特性的叠加,各逆变器输出阻抗之间的耦合以及各逆变器输出阻抗与电网阻抗之间的互相影响与耦合,是谐振现象发生的根本原因。系统中存在的各种谐波源,是谐振发生的激励。因此,在电网情况不可控的前提条件下,想要实现有效的谐振抑制,就需要从逆变器自身的控制结构出发,改变各输出阻抗的耦合关系,减小系统谐振发生的可能性。

4.4　基于有源阻尼方法的谐振抑制策略研究

4.4.1　基于有源阻尼方法的并网控制策略

有源阻尼方法无需实际的阻尼电阻,而是通过系统的控制算法来实现阻尼作用。原系统的传递特性出现正谐振峰时,可以利用控制算法产生一个负谐振峰与之叠加,从而抵消和抑制原系统传递特性出现的正谐振峰,达到抑制系统谐振的目的。显然,有源阻尼方法没有附加阻尼电阻,因此没有增加系统损耗,提高了系统效率。相比 L 型滤波器,LCL 型滤波器为并网逆变器系统引入一对谐振极点,其阻尼比为零且振荡频率较高,威胁并网逆变器控制系统的稳定性。有源阻尼方法可以为系统引入独立零点或共轭零点,对消谐振极点或将共轭极点吸引至稳定区域内并保证一定的稳定裕度。

有源阻尼方法可以分为虚拟电阻方法、陷波器校正方法和双带通滤波器方法等。

Pekik Argo Dahono 首先提出了以虚拟电阻控制算法来代替实际阻尼电阻的有源阻尼控制方法,其基本思想就是将无源阻尼控制结构图进行等效变换,并以控制算法代替实际的无源阻尼电阻。不同的无源阻尼控制结构可以推出不同的虚拟电阻实现方法,以电容支路串联电阻的无源阻尼结构为例,通过等效变换,该结构相当于在原有无阻尼结构的基础上多了一个阻尼电流分量 $i_C s C_f R_d$,而该阻尼电流分量实际上也可以通过在电流控制器的输入端利用算法加以实现,从而达到有源阻尼控制的目的。基于虚拟电阻法的 LCL 并网逆变器有源阻尼控制结构如图 4.34 所示[91-94]。

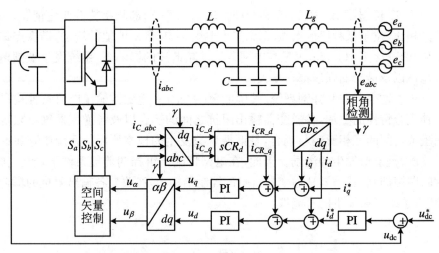

图 4.34　基于虚拟电阻的并网逆变器有源阻尼控制结构

陷波器方法是通过增加滤波器状态变量反馈来实现系统阻尼的另一种方法。由于陷波器具有负谐振峰特性,可以抵消 LCL 滤波器产生的正谐振峰,因此可以通过控制结构的设计,将陷波器特性引入系统控制中。在 LCL 并网逆变器电流环前向通道中引入滤波器状态变量,并将变量反馈构成的闭环环节整定为陷波器特性,就可以实现基于陷波器校正的 LCL 并网逆变器的有源阻尼控制。

在 LCL 滤波器中存在 6 个状态变量,即 u_{L_1}、i_{L_1}、u_C、i_C、u_{L_2} 和 i_{L_2}。图 4.35 为基于 6 个状态变量反馈的统一描述有源阻尼控制结构,其中 x 代表 6 个状态变量,$G_{LCL}^x(S)$ 代表变量 x 对滤波器输入电压的传递函数,$K(S)$ 代表反馈通路上的补偿器,可以为比例环节 k_1、微分环节 $k_1 S$ 或积分环节 k_1/S。

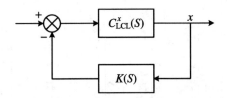

图 4.35　基于陷波器校正的有源阻尼控制结构

由图 4.35 可以得出基于陷波器校正的有源阻尼控制结构的传递函数如式 (4.28)所示:

$$G_C(S) = \frac{G_{\mathrm{LCL}}^x(S)}{1 + K(S)G_{\mathrm{LCL}}^x(S)} \tag{4.28}$$

根据图 4.35,考虑单状态反馈变量与单补偿器即可得出 18 种陷波器有源阻尼控制结构,其传递函数如表 4.2 所示。

在表 4.2 中,$\omega_1^2 = (L_1 + L_2)/(L_1 L_2 C_1)$,$\omega_2^2 = 1/(L_2 C_1)$。根据以上各陷波器有源阻尼控制传递函数频率特性可知,i_C 的比例反馈、u_C 的微分反馈、u_{L_2} 的微分反馈可以实现任意的阻尼比,i_{L_1} 的比例反馈和 u_{L_1} 的积分反馈可以实现一定的阻尼比,其他状态变量反馈均无法实现有效阻尼。

以 i_C 为状态反馈变量时,由于其反馈环节只是一个比例系数,且不受系统其他参数影响,可以很方便地实现有源阻尼控制,因而应用最为广泛,很多其他的方案都是从“电容电流比例反馈”这一方案演化而来的。如文献[81]的方案在得到电容电流的比例反馈之后,通过相位超前网络做了进一步的处理,其内在的机理是近似地去等效实际电容串联电阻的效果。而文献[84]提到的阻尼方案利用了并网电流,因此不需要额外的传感器。本书通过控制结构图的等效变换,将反馈电容电流等效为反馈网侧电压的一次微分量与并网电流二次微分量之和,由于反馈网侧电压的微分量会增大电网对系统的干扰,故略去电容电压的微分量,对于二次微分在实际系统中难以实现的问题,本书采用了一次高通滤波器附之以相位矫正近似代替,从而解决了 LCL 滤波器的谐振峰问题。基于电容电流反馈的 LCL 并网逆变器有源阻尼控制结构图如图 4.36 所示。

表 4.2　单状态反馈变量与单补偿器器件条件下的陷波器有源阻尼控制传递函数

x	$G_{iCL}^x(S)$	$G_c(S)$		
		$K(S)=k_1$	$K(S)=k_1S$	$K(S)=k_1/S$
u_{L1}	$\dfrac{S^2+\omega_2^2}{S^2+\omega_1^2}$	$\dfrac{S^2+\omega_2^2}{(1+k_1)S^2+(\omega_1^2+k_1\omega_2^2)}$	$\dfrac{S^2+\omega_2^2}{k_1S^3+S^2+k_1\omega_2^2S+\omega_1^2}$	$\dfrac{S^3+\omega_2^2S}{S^3+k_1S^2+\omega_1^2S+k_1\omega_2^2}$
i_{L1}	$\dfrac{S^2+\omega_2^2}{L_1S(S^2+\omega_1^2)}$	$\dfrac{S^2+\omega_2^2}{L_1S^3+k_1S^2+L_1\omega_1^2S+k_1\omega_2^2}$	$\dfrac{S^2+\omega_2^2}{(L_1+k_1)S^3+L_1\omega_1^2S+k_1\omega_2^2S}$	$\dfrac{S^3+\omega_2^2S}{L_1S^4+(L_1\omega_1^2+k_1)S^2+k_1\omega_2^2}$
u_c	$\dfrac{1}{L_1C_1(S^2+\omega_1^2)}$	$\dfrac{1}{L_1C_1S^2+L_1C_1\omega_1^2+k_1}$	$\dfrac{1}{L_1C_1S^2+k_1S+L_1C_1\omega_1^2}$	$\dfrac{S}{L_1C_1S^3+L_1C_1\omega_1^2S+k_1}$
i_c	$\dfrac{S}{L_1(S^2+\omega_1^2)}$	$\dfrac{S}{L_1S^2+k_1S+L_1\omega_1^2}$	$\dfrac{S}{(L_1+k_1)S^2+(L_1+k_1)L_1\omega_1^2}$	$\dfrac{S}{L_1S^2+k_1+L_1\omega_1^2}$
u_{L2}	$\dfrac{1}{L_1C_1(S^2+\omega_1^2)}$	$\dfrac{1}{L_1C_1S^2+L_1C_1\omega_1^2+k_1}$	$\dfrac{1}{L_1C_1S^2+k_1S+L_1C_1\omega_1^2}$	$\dfrac{S}{L_1C_1S^3+L_1C_1\omega_1^2S+k_1}$
i_{L2}	$\dfrac{1}{L_1L_2C_1S(S^2+\omega_1^2)}$	$\dfrac{1}{L_1L_2C_1S^3+L_1L_2C_1\omega_1^2S+k_1}$	$\dfrac{1}{L_1L_2C_1S^3+L_1L_2C_1(\omega_1^2+k_1)S}$	$\dfrac{S}{L_1L_2C_1S^4+L_1L_2C_1\omega_1^2S^2+k_1}$

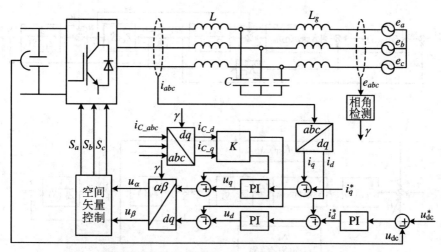

图 4.36　基于电容电流反馈的并网逆变器有源阻尼控制结构图

4.4.2　基于电容电流反馈的逆变器受控源等效电路模型

根据图 4.36 可知,基于电容电流反馈的逆变器系统控制框图如图 4.37 所示。

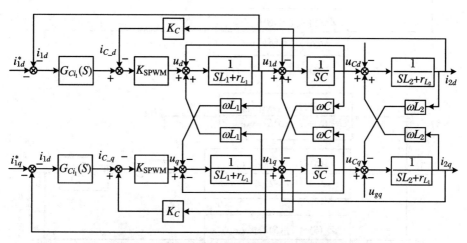

图 4.37　基于电容电流反馈的电流环控制框图

同样,为降低模型的复杂程度,分析过程中均忽略 d 轴和 q 轴之间的相互耦合。因为 d 轴和 q 轴结构为对称关系,控制框图等效变换以其中的一个为例进行分析并对下标予以忽略。如图 4.38 所示。

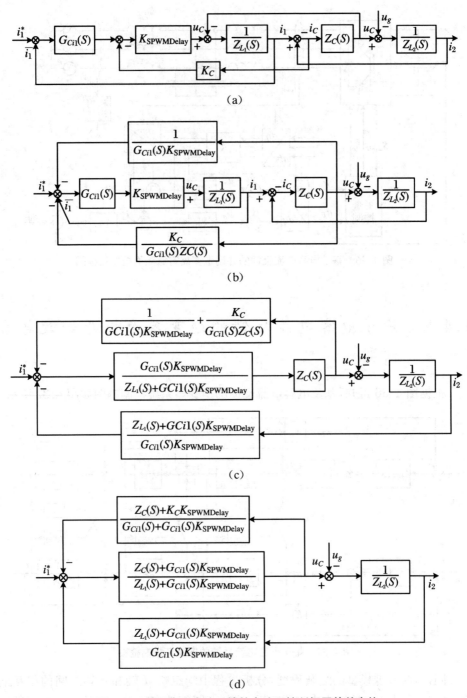

图 4.38 基于电容电流反馈的电流环控制框图等效变换

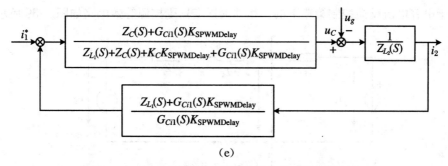

(e)

续图 4.38　基于电容电流反馈的电流环控制框图等效变换

图 4.38 为基于电容电流反馈的逆变器电流环控制框图等效变换结果,在考虑电网阻抗的条件下,可以得出逆变器并网电流表达式如下:

$$i_g(S) = \cfrac{\cfrac{Z_C(S)G_{Ci1}(S)K_{\mathrm{SPWMDelay}}}{Z_{L_1}(S)+Z_C(S)+G_{Ci1}(S)K_{\mathrm{SPWMDelay}}}}{Z_g(S)+\left\{Z_{L_2}(S)+\cfrac{Z_C(S)\left[Z_{L_1}(S)+G_{Ci1}(S)K_{\mathrm{SPWMDelay}}\right]}{Z_{L_1}(S)+Z_C(S)+K_{\mathrm{SPWMDelay}}K_C+G_{Ci1}(S)K_{\mathrm{SPWMDelay}}}\right\}}i_1^*$$

$$+ \cfrac{1}{Z_g(S)+\left\{Z_{L_2}(S)+\cfrac{Z_C(S)\left[Z_{L_1}(S)+G_{Ci1}(S)K_{\mathrm{SPWMDelay}}\right]}{Z_{L_1}(S)+Z_C(S)+K_{\mathrm{SPWMDelay}}K_C+G_{Ci1}(S)K_{\mathrm{SPWMDelay}}}\right\}}u_g(S)$$

$$(4.29)$$

令

$$\begin{cases} u'_{\mathrm{eq}} = \cfrac{Z_C(S)G_{Ci1}(S)K_{\mathrm{SPWMDelay}}}{Z_{L_1}(S)+Z_C(S)+K_{\mathrm{SPWMDelay}}K_C+G_{Ci1}(S)K_{\mathrm{SPWMDelay}}}i_1^* \\[4mm] Z'_{\mathrm{eq}} = \cfrac{Z_C(S)\left[Z_{L_1}(S)+G_{Ci1}(S)K_{\mathrm{SPWMDelay}}\right]}{Z_{L_1}(S)+Z_C(S)+K_{\mathrm{SPWMDelay}}K_C+G_{Ci1}(S)K_{\mathrm{SPWMDelay}}} \\[4mm] Z'_{\mathrm{eq\_inverter}} = Z'_{\mathrm{eq}} + Z_{L_2}(S) \end{cases} \quad (4.30)$$

将滤波器参数和电网阻抗参数代入式(4.30),则可得三相逆变器电压源等效电路参数如式(4.31)和式(4.32)所示:

$$\begin{cases} u'_{\mathrm{eq\_}d} = G_{Ci1}(S)K_{\mathrm{SPWMDelay}} \cdot G'_{\mathrm{den\_}d}(S) - 1 \cdot i_{1d}^* \\ Z'_{\mathrm{eq\_}d} = \left[L_1 S + r_{L_1} + G_{Ci1}(S)K_{\mathrm{SPWMDelay}}\right] \cdot G'_{\mathrm{den\_}d}(S) - 1 \\ G'_{\mathrm{den\_}d}(S) = CL_1 S^2 + \left[K_{\mathrm{SPWMDelay}}K_C C + G_{Ci1}(S)K_{\mathrm{SPWMDelay}}C + Cr_{L_1}\right]S + 1 \end{cases}$$

$$(4.31)$$

$$\begin{cases} u'_{\mathrm{eq\_}q} = G_{Ci1}(S)K_{\mathrm{SPWMDelay}} \cdot G'_{\mathrm{den\_}q}(S) - 1 \cdot i_{1q}^* \\ Z'_{\mathrm{eq\_}q} = \left[L_1 S + r_{L_1} + G_{Ci1}(S)K_{\mathrm{SPWMDelay}}\right] \cdot G'_{\mathrm{den\_}q}(S) - 1 \\ G'_{\mathrm{den\_}q}(S) = CL_1 S^2 + \left[K_{\mathrm{SPWMDelay}}K_C C + G_{Ci1}(S)K_{\mathrm{SPWMDelay}}C + Cr_{L_1}\right]S + 1 \end{cases}$$

$$(4.32)$$

在式(4.31)和式(4.32)中,令 $\mu' = G_{Ci1}(S)K_{\mathrm{SPWMDelay}} \cdot G'_{\mathrm{den\_}d}(S)^{-1}$,则可以画出

基于电容电流反馈控制策略下的三相并网逆变器受控源等效电路如图 4.39 所示。

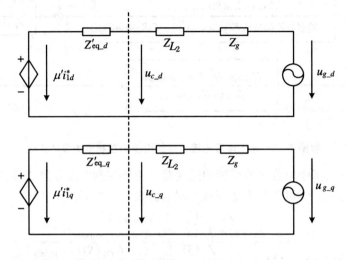

图 4.39　基于电容电流反馈的逆变器受控源等效电路模型

4.4.3　PR 控制器与 PIR 控制器特性对比分析

根据本章前面的谐波分析内容可知,复杂电网和逆变器自身的非理想因素导致并网电流包含 5、7、11、13、17 和 19 次等低次谐波。若逆变器采用常规的 PI 控制策略,由于 PI 控制器为一阶控制器,对控制电流中的基波成分,可以准确、快速地实现电流指令的跟踪,进行良好的控制,但对于谐波成分,几乎不具有抑制作用。为了克服 PI 控制器的上述不足,通常会采用准比例谐振(PR)控制器,以谐振控制器 R 取代 PI 控制器中的积分环节。PR 控制器可在静止($\alpha\beta$)坐标系下实现控制,能同时对谐振频率的正、负序交流信号提供无限增益,进而实现相应频率次谐波信号的无静差调节[151-156]。

准 PR 控制器传递函数如下:

$$G_{\mathrm{PR}}(s) = K_p + \sum_{k=1,5,7,11,13,17,19} \frac{2K_{rk}\omega_{ck}s}{s^2 + 2\omega_{ck}s + (k\omega_0)^2} \tag{4.33}$$

其中,K_p、K_{rk} 为准 PR 控制器的比例、谐振系数,ω_{ck} 为各次谐振控制器的截止频率,ω_0 为基波频率。

图 4.40 所示的为加入 5、7、11、13、17 和 19 次谐振控制器后准 PR 控制器的频率响应波形。可见,准 PR 控制器在基波频率及 6 个谐波频率谐振点处都产生较大的增益,即采用准 PR 控制器理论上完全可以实现对谐振频率信号的无静差跟踪,当将相应的各次谐波指令值设定为零时,就可以快速、准确地对逆变器输出电流中的各次谐波进行很好的抑制。

但 PR 控制器具有以下缺点:① 在 $\alpha\beta$ 坐标系下,一个 R 控制器只能调节一种频率谐波成分(如5、7、11、13、17或19次等),于是在多种谐波共存时,为了实现对各次谐波的集中、统一调节,只有增加R控制器的个数,对每一次谐波的控制都需要增加一个对应次的R控制器,这显然增加了控制系统的复杂程度。② 由频率响应曲线可以看到,各谐振峰之间的距离很近,容易造成各R控制器之间带宽的交叉或重叠,也使得控制器参数设计变得更加复杂,造成不同频率谐波之间的互相干扰[157-160]。

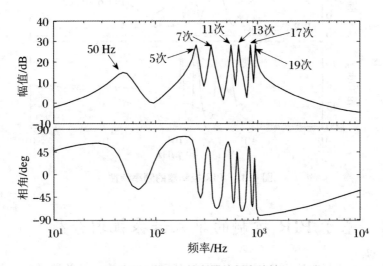

图 4.40 准 PR 控制器的频率特性

针对准PR控制器存在的这些问题,我们根据本书的dq坐标系下逆变器等效电路模型,提出了一种基于dq同步旋转坐标系的PIR控制器。PIR控制器对于频率为$6n \pm 1$倍基波频率的谐波成分,其dq坐标系下均表现$6n$倍基波频率的交流成分,但保留各自的相序属性。此时,一个$6n$倍频的R控制器可以同时调节相邻两次的两种相序的同频谐波。由此产生了dq坐标系下比例积分—谐振(PIR)控制器的应用形式,其传递函数为

$$G_{\text{PIR}}(s) = K_p + \frac{K_i}{s} + \sum_{n=1,2,3} \frac{2K_{rn}\omega_{cn}s}{s^2 + 2\omega_{cn}s + (6n\omega_0)^2} \tag{4.34}$$

其中,K_p、K_i为PI控制器的比例、积分系数;K_{rn}为$6n$倍频R控制器的谐振系数;ω_{cn}为对应谐振控制器的截止频率;ω_0为基波频率。

图4.41为PI控制器、PIR控制器的频率特性对比。图4.41表明,PIR控制器中3个谐振控制器的引入并未改变PI控制器幅频、相频特性曲线的总体走势,只是在谐振频率附近产生一个"尖峰"。当电压参考指令信号经过PIR控制器时,其中的基波成分仍然可以由PI控制器进行无差跟踪,而谐波成分可以由谐振控制器在谐振频率点提供的高增益,来实现无静差跟踪。同时,各个R控制器的带宽相互独立,不交叉、不重叠,易于控制器参数的设计。从对谐波成分的调节能力看,一个控制器可以调节两种同频、正负序谐波。与PR控制器相比,PIR控制器可使

谐振控制器的个数减半，相比 PR 控制器，PIR 控制器更加简洁，节省了计算资源，优势明显[161-164]。

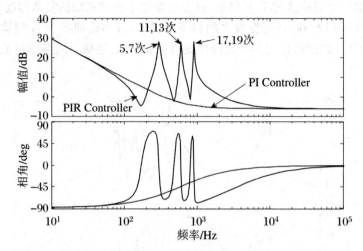

图 4.41　PIR 控制器的频率特性

4.4.4　基于 PIR 控制的单机谐振机理分析

根据 4.4.2 节的建模分析内容可画出基于电容电流反馈的单逆变器并网系统受控源等效电路模型，如图 4.42 所示。

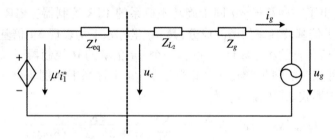

图 4.42　基于电容电流反馈的逆变器受控源等效电路模型

根据图 4.42 可以计算出逆变器并网电流如下：

$$i_g = \frac{\mu' i_1^* - u_g}{Z'_{eq} + Z_{L_2} + Z_g} = \frac{\mu'}{Z'_{eq} + Z_{L_2} + Z_g} i_1^* - \frac{u_g}{Z'_{eq} + Z_{L_2} + Z_g} \quad (4.35)$$

根据式（4.35）可以得出指令电流到并网电流的传递函数如式（4.36）所示：

$$\Phi_{i_1^* \to i_g}(S) = \frac{i_g}{i_1^*} = \frac{\mu'}{Z'_{eq} + Z_{L_2} + Z_g}$$

$$= \frac{G_{Ci1}(S)K_{SPWMDelay}}{\left\{ \begin{array}{l} [L_1 S + r_{L_1} + G_{Ci1}(S)K_{SPWMDelay}] + (r_{L_2} + SL_2 + r_g + SL_g) \\ \cdot \{CL_1 S^2 + [K_{SPWMDelay}K_c C + G_{Ci1}(S)K_{SPWMDelay}C + Cr_{L_1}]S + 1\} \end{array} \right\}}$$

$$= \frac{G_{Ci1}(S)K_{SPWMDelay}}{\left\{ \begin{array}{l} \{S^3 \cdot (L_2 + L_g)CL_1 + S^2 \cdot [(r_{L_2} + r_g)CL_1 + (L_2 + L_g) \\ (CK_c K_{SPWMDelay} + Cr_{L_1})] + S \cdot [L_1 + (r_{L_2} + r_g) \cdot (CK_c K_{SPWMDelay} \\ + Cr_{L_1}) + (L_2 + L_g)] + (r_{L_1} + r_{L_2} + r_g)\} + G_{Ci1}(S) \\ \cdot [S^2 \cdot CK_{SPWMDelay}(L_2 + L_g) + S \cdot CK_{SPWMDelay}(r_{L_2} + r_g) + K_{SPWMDelay}] \end{array} \right\}}$$

$$(4.36)$$

图 4.43 和图 4.44 为 K_{cp} 取不同值的条件下,采用 PIR 控制器与 PI 控制器时指令电流到并网电流传递特性的对比结果;图 4.45 为采用 PIR 控制器,在 $K_{cp} = 10$, $K_c = 0.1$、1、10 时指令电流到并网电流传递特性的对比结果。

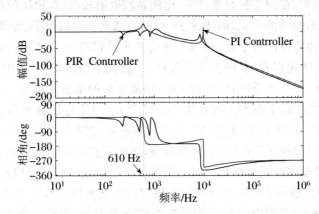

图 4.43　$K_{cp} = 0.1$ 时不同控制器下的 $\Phi_{i_1^* \to i_g}(S)$ 频率特性对比

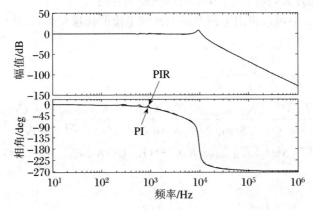

图 4.44　$K_{cp} = 10$ 时不同控制器下的 $\Phi_{i_1^* \to i_g}(S)$ 频率特性对比

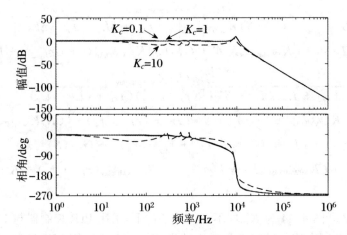

图 4.45 $K_{cp} = 10, K_c = 0.1$、1 和 10 时 $\Phi_{i_1^* \to i_g}(S)$ 频率特性对比

图 4.43 表明,在同等参数条件下,比例系数取值较低时,PIR 控制方法较好地抑制了控制通道的谐波干扰,而传统 PI 控制方法在 610 Hz 附近使得指令电流到并网电流的传递特性出现了谐振尖峰,相应的干扰谐波会使得并网电流出现谐振现象。从图 4.44 可以看到,同等参数条件下,比例系数取值为 10 时,两种控制器在频率 300 Hz、600 Hz、900 Hz 附近位置,电流增益的幅值几乎为 0 dB,但 PIR 控制器的相角特性在以上频率点附近位置更靠近 0°,对指定的频率信号跟踪能力更强;这就表明,6、12 和 18 次频率的谐振控制器能够实现 5、7、11、13、17 和 19 次谐波电流给定信号的快速跟踪(为了抑制谐波,各次谐波电流的给定值可均为零),因此,PIR 控制器能够更好地抑制并网电流谐波含量。从图 4.45 可以看出,在 K_c 从 0.1 变化到 1 时,指令电流到并网电流的幅频特性和相频特性几乎无变化,但随着 K_c 的进一步增大,并网电流将不能准确跟踪指令电流,影响并网电流质量,因此 K_c 的取值不能过大,在接近于 1 的范围内较为合适。

根据式(4.35)可以得出电网电压到并网电流的传递函数,如式(4.37)所示:

$$\Phi_{u_g \to i_g}(S)$$

$$= \frac{i_g}{u_g} = \frac{1}{Z'_{eq} + Z_{L_2} + Z_g}$$

$$= \frac{CL_1 S^2 + \left[K_{SPWMDelay} K_c C + G_{Ci1}(S) K_{SPWMDelay} C + Cr_{L_1} \right] S + 1}{\left\{ \begin{array}{l} \left[L_1 S + r_{L_1} + G_{Ci1}(S) K_{SPWMDelay} \right] + (r_{L_2} + SL_2 + r_g + SL_g) \\ \cdot \left\{ CL_1 S^2 + \left[K_{SPWMDelay} K_c C + G_{Ci1}(S) K_{SPWMDelay} C + Cr_{L_1} \right] S + 1 \right\} \end{array} \right\}}$$

$$
= \frac{S^2 \cdot CL_1 + S \cdot [K_{\text{SPWMDelay}} K_c C + G_{Ci1}(S) K_{\text{SPWMDelay}} C + Cr_{L_1}] + 1}{\left\{ \begin{aligned} & S^3 \cdot (L_2 + L_g) CL_1 + S^2 \cdot [(r_{L_2} + r_g) CL_1 + (L_2 + L_g) \\ & \cdot (CK_c K_{\text{SPWMDelay}} + Cr_{L_1})] + S \cdot [L_1 + (r_{L_2} + r_g)(CK_c K_{\text{SPWMDelay}} \\ & + Cr_{L_1}) + (L_2 + L_g)] + (r_{L_1} + r_{L_2} + r_g) \right\} + G_{Ci1}(S) \\ & \cdot [S^2 \cdot CK_{\text{SPWMDelay}} (L_2 + L_g) + S \cdot CK_{\text{SPWMDelay}} (r_{L_2} + r_g) + K_{\text{SPWMDelay}}] \end{aligned} \right.}
$$

$$(4.37)$$

图 4.46 为采用 PIR 控制器与 PI 控制器时电网电压到并网电流的传递特性对比结果;图 4.47 为采用 PIR 控制器,在 $K_{cp} = 0.1$,$K_c = 0.1$、1、10 时电网电压到并网电流的传递特性的对比结果。

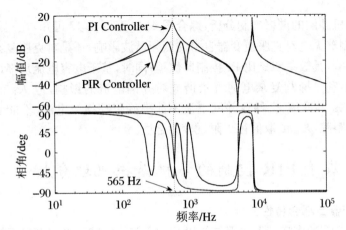

图 4.46　$K_{cp} = 0.1, K_c = 1$ 时不同控制器下的 $\Phi_{u_g \to i_g}(S)$ 频率特性对比

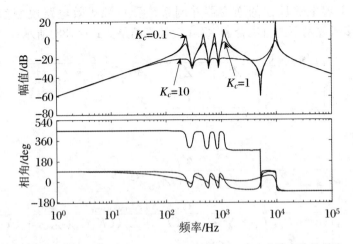

图 4.47　$K_{cp} = 0.1, K_c = 0.1$、1 和 10 时 $\Phi_{u_g \to i_g}(S)$ 频率特性对比

　　图 4.46 表明,在同等参数条件下,比例系数取值较低时,采用 PIR 控制器,在频率 300 Hz、600 Hz、900 Hz 附近位置,电网电压到电网电流的传递特性被大幅衰减,从而对来自于电网电压中 5、7、11、13、17 和 19 次谐波干扰进行了很好的抑制;而传统 PI 控制方法在 565 Hz 附近使得电网电压到并网电流的传递特性出现谐振尖峰,相应频率次的干扰谐波会使得并网电流出现谐振现象。从图 4.47 可以看出,在 $K_c = 0.1$ 时,电网电压到电网电流的传递特性增益在部分频率段位置会超过 0 dB,但随着 K_c 的增大,这些频段的增益会逐渐降到 0 dB 以下,可见系统对特定频率次以外的谐波,随着 K_c 的增大而抑制能力逐渐增强。同时,K_c 变化过程中,频率 300 Hz、600 Hz、900 Hz 附近位置的衰减尖峰没有发生变化,即 K_c 的变化,不会引起系统对 5、7、11、13、17 和 19 次等特定频率次谐波的衰减能力发生变化。

　　对于单机并网的谐振抑制分析,综合图 4.43 至图 4.47 可知,在同等参数条件下,PIR 控制器无论对克服逆变器自身的低频谐波影响,还是对克服复杂电网背景低频谐波影响,其效果明显比 PI 控制器优越;同时,基于电容电流反馈的有源阻尼控制结构,有利于抑制复杂电网背景谐波对并网电流的影响,但 K_c 的值不能过大,过大的 K_c 的取值,会导致并网电流不能准确跟踪指令电流,不能实现谐波成分的无静差跟踪,K_c 的取值在 1 附近较为合适。

4.4.5　基于 PIR 控制的多机谐振机理分析

1. 逆变器自耦合特性分析

　　根据 4.3 节的多逆变器并网结构以及 4.4 节前面基于电容电流反馈的逆变器并网系统受控源等效电路模型,可以对新方法下的多逆变器并网谐振特性进行分析。将基于电容电流反馈的逆变器并网系统受控源等效电路模型参数代入式 (4.18),则多机并网下的自耦合 $\mu'_i G_{ii}(S)$ 计算结果如式 (4.38) 所示:

$$\begin{cases} \mu'_i G_{ii}(S) = \dfrac{\mu'_i}{Z'_{eq\_i} + Z_{L_{2\_i}}} - \dfrac{\mu'_i}{A'(Z'_{eq\_i} + Z_{L_{2\_i}})^2} \\ A' = \left[\displaystyle\sum_{k=1}^{n} \dfrac{1}{Z'_{eq\_k} + Z_{L_{2\_k}}} + \dfrac{1}{Z_g} \right] \end{cases} \tag{4.38}$$

整理后可得

$$\begin{aligned}
\mu'_i G_{ii}(S) &= \frac{\mu'_i}{Z'_{eq\_i} + Z_{L_{2\_i}}} - \frac{\mu'_i}{A'(Z'_{eq\_i} + Z_{L_{2\_i}})^2} \\
&= \frac{G_{Ci1}(S)K_{SPWMDelay}}{\left\{ \begin{array}{l} \{S^3 \cdot L_2 CL_1 + S^2 \cdot [r_{L_2} CL_1 + L_2(CK_c K_{SPWMDelay} + Cr_{L_1})] \\ + S \cdot [L_1 + r_{L_2}(CK_c K_{SPWMDelay} + Cr_{L_1}) + L_2] + (r_{L_1} + r_{L_2})\} \\ + G_{Ci1}(S)[S^2 \cdot CK_{SPWMDelay} L_2 + S \cdot CK_{SPWMDelay} r_{L_2} + K_{SPWMDelay}] \end{array} \right\}}
\end{aligned}$$

$$
-\dfrac{G_{Ci1}(S)K_{\text{SPWMDelay}}(SL_g + r_g)}{\left\{\begin{array}{l} S^3 \cdot (L_2 + nL_g)CL_1 + S^2 \cdot \big[(r_{L_2} + nr_g)CL_1 + (L_2 + nL_g) \\ \cdot (CK_cK_{\text{SPWMDelay}} + Cr_{L_1})\big] + S \cdot \big[L_1 + (r_{L_2} + nr_g) \\ \cdot (CK_cK_{\text{SPWMDelay}} + Cr_{L_1}) + (L_2 + nL_g)\big] + (r_{L_1} + r_{L_2} + nr_g)\big\} \\ + G_{Ci1}(S)\big[S^2 \cdot CK_{\text{SPWMDelay}}(L_2 + nL_g) + S \\ \cdot CK_{\text{SPWMDelay}}(r_{L_2} + nr_g) + K_{\text{SPWMDelay}}\big] \end{array}\right.}
$$

$$
\cdot \dfrac{S^2 \cdot CL_1 + S \cdot \big[K_{\text{SPWMDelay}}K_cC + G_{Ci1}(S)K_{\text{SPWMDelay}}C + Cr_{L_1}\big] + 1}{\left\{\begin{array}{l} S^3 \cdot L_2CL_1 + S^2 \cdot \big[r_{L_2}CL_1 + L_2(CK_cK_{\text{SPWMDelay}} + Cr_{L_1})\big] \\ + S \cdot \big[L_1 + r_{L_2}(CK_cK_{\text{SPWMDelay}} + Cr_{L_1}) + L_2\big] + (r_{L1} + r_{L_2})\big\} \\ + G_{Ci1}(S)\big[S^2 \cdot CK_{\text{SPWMDelay}}L_2 + S \cdot CK_{\text{SPWMDelay}}r_{L_2} + K_{\text{SPWMDelay}}\big] \end{array}\right.}
$$

$$
\text{(4.39)}
$$

$\mu'_iG_{ii}(S)$ 为第 i 台逆变器自身指令电流到第 i 台逆变器并网电流的传递特性,图 4.48 和图 4.49 为 K_{cp} 取不同值的条件下,采用 PIR 控制器与 PI 控制器时 $\mu'_iG_{ii}(S)$ 的特性对比结果;图 4.50 为采用 PIR 控制器,在 $K_{\text{cp}} = 10$, $K_c = 0.1$、1、10 时 $\mu'_iG_{ii}(S)$ 的特性对比结果。

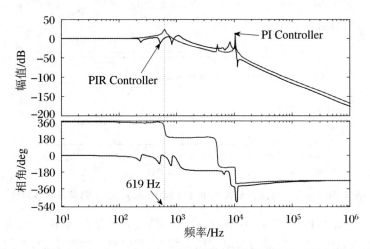

图 4.48　$K_{\text{cp}} = 0.1$, $r_g = 0.1$, $n = 5$ 时不同控制器下 $\mu'_iG_{ii}(S)$ 频率特性对比

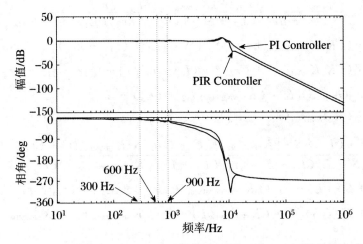

图 4.49 $K_{cp} = 10, r_g = 0.1, n = 5$ 时不同控制器下 $\mu'_{i}G_{ii}(S)$ 频率特性对比

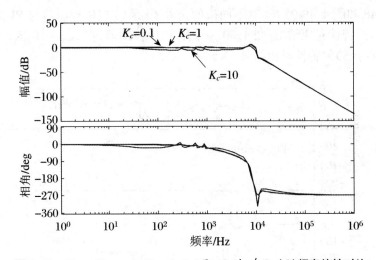

图 4.50 $K_{cp} = 10, n = 5, K_c = 0.1、1$ 和 10 时 $\mu'_{i}G_{ii}(S)$ 频率特性对比

图 4.48、图 4.49 和图 4.50 的 $\mu'_{i}G_{ii}(S)$ 特性对比结果表明,多机并网时的自耦合特性实际上就是逆变器自身电流增益特性,与单机并网时类似,在同等参数条件下,PIR 控制器具有更好的谐波抑制能力。PIR 控制器能够实现 5、7、11、13、17 和 19 次谐波电流给定信号的快速跟踪,当各次谐波电流的给定值均为零时,PIR 控制器能够更好地抑制并网电流谐波含量。同时,K_c 的取值不能过大,否则会使得并网电流不能准确跟踪指令电流,影响并网电流质量,K_c 的取值在接近于 1 的范围内较为合适。

2. 逆变器之间互耦合特性分析

将基于电容电流反馈的逆变器并网系统受控源等效电路参数代入式(4.18),可得多逆变器之间互耦合 $\mu'_{n}G_{in}(S)$ 的计算结果如式(4.40)所示:

$$\begin{cases} \mu'_n G_{in}(S) = -\dfrac{\mu'_n}{A'(Z'_{eq\_i} + Z_{L_{2\_i}})(Z'_{eq\_n} + Z_{L_{2\_n}})} \\[3mm] A' = \left[\displaystyle\sum_{k=1}^{n} \dfrac{1}{Z'_{eq\_k} + Z_{L_{2\_k}}} + \dfrac{1}{Z_g}\right] \end{cases} \tag{4.40}$$

整理后可得

$$\mu'_n G_{in}(S) = -\frac{\mu'_n}{A'(Z'_{eq\_i} + Z_{L_{2\_i}})(Z'_{eq\_n} + Z_{L_{2\_n}})}$$

$$= -\frac{\mu'_n Z_g}{(Z'_{eq\_i} + Z_{L_{2\_i}} + nZ_g)(Z'_{eq\_n} + Z_{L_{2\_n}})}$$

$$= -\frac{G_{Ci1}(S)K_{SPWMDelay}(SL_g + r_g)}{\left\{ \begin{array}{l} S^3 \cdot (L_2 + nL_g)CL_1 + S^2 \cdot [(r_{L_2} + nr_g)CL_1 + (L_2 + nL_g)] \\ \cdot (CK_c K_{SPWMDelay} + Cr_{L_1})] + S \cdot [L_1 + (r_{L_2} + nr_g) \\ \cdot (CK_c K_{SPWMDelay} + Cr_{L_1}) + (L_2 + nL_g)] + (r_{L_1} + r_{L_2} + nr_g)\} \\ + G_{Ci1}(S)[S^2 \cdot CK_{SPWMDelay}(L_2 + nL_g) + S \cdot CK_{SPWMDelay} \\ \cdot (r_{L_2} + nr_g) + K_{SPWMDelay}] \end{array} \right.}$$

$$\cdot \frac{S^2 \cdot CL_1 + S \cdot [K_{SPWMDelay}K_c C + G_{Ci1}(S)K_{SPWMDelay}C + Cr_{L_1}] + 1}{\left\{ \begin{array}{l} S^3 \cdot L_2 CL_1 + S^2 \cdot [r_{L_2}CL_1 + L_2(CK_c K_{SPWMDelay} + Cr_{L_1})] \\ + S \cdot [L_1 + r_{L_2}(CK_c K_{SPWMDelay} + Cr_{L_1}) + L_2] + (r_{L1} + r_{L_2})\} \\ + G_{Ci1}(S)[S^2 \cdot CK_{SPWMDelay}L_2 + S \cdot CK_{SPWMDelay}r_{L_2} + K_{SPWMDelay}] \end{array} \right.}$$

$$\tag{4.41}$$

$\mu'_n G_{in}(S)$ 为第 j 台逆变器指令电流到第 i 台逆变器并网电流的传递特性,体现出逆变器之间的相互耦合特性。图 4.51 为采用 PIR 控制器与 PI 控制器时 $\mu'_n G_{in}(S)$ 的特性对比结果。图 4.52 为采用 PIR 控制器,在 $K_{cp} = 0.1, r_g = 0.1,$ $n = 2、5、10$ 和 20 时 $\mu'_n G_{in}(S)$ 的特性对比结果;图 4.53 为 $K_{cp} = 0.1, r_g = 0.1,$ $n = 2、10$ 和 20 时 $(n-1)\mu'_n G_{in}(S)$ 的特性对比结果。

　　从图 4.51 可以看出,采用 PIR 控制器时,频率 300 Hz、600 Hz、900 Hz 附近位置,逆变器之间的耦合传递特性大幅衰减,表明此时第 i 台逆变器对来自于其他逆变器的 5、7、11、13、17 和 19 次谐波电流进行了很好的抑制;在采用 PI 控制器时,在 600 Hz 附近出现了谐振峰值,极易导致来自于其他逆变器的同频率谐波对第 i 台逆变器并网电流形成污染。PIR 控制器与 PI 控制器的控制效果对比发现,PIR 控制器对逆变器之间谐波交互影响的抑制作用明显增强。从图 4.52 可以看出,随着并网台数的增加,第 i 台逆变器与第 j 台逆变器之间的互耦合特性在 300 Hz、600 Hz、900 Hz 附近位置衰减幅值和相位均没有发生变化,可见并网台数的变化对单独两台之间的耦合影响很小。从图 4.53 可以看出,如果各台逆变器的电流指令值相同,那么$(n-1)\mu'_n G_{in}(S)$即为第i台逆变器与其余$n-1$台逆变器的总耦合影响,随着并网台数的增加,总耦合影响逐渐加大;在本书给出的参数条件下,当并网逆变器台数在20台以内时,PIR控制器能对其余$n-1$台逆变器的谐波叠加耦合影响进行有效的抑制。

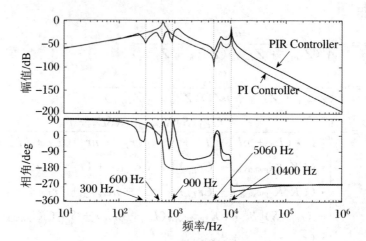

图 4.51　$K_{cp}=0.1, r_g=0.1, n=5$ 时不同控制器下 $\mu'_n G_{in}(S)$ 频率特性对比

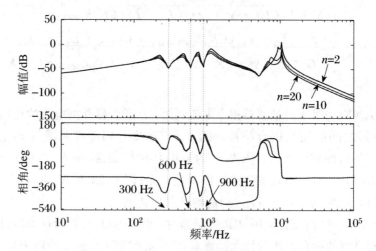

图 4.52　$K_{cp}=0.1, r_g=0.1, n=2、10$ 和 20 时 $\mu'_n G_{in}(S)$ 频率特性对比

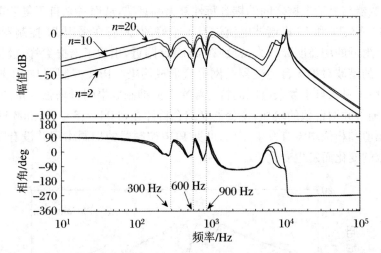

图 4.53　$K_{cp} = 0.1, r_g = 0.1, n = 2$、10 和 20 时 $(n-1)\mu'_n G_{in}(S)$ 频率特性对比

3. 逆变器与电网之间耦合特性分析

将基于电容电流反馈的逆变器并网系统受控源等效电路参数代入式(4.18)，则逆变器与电网之间的耦合 $G_{i(n+1)}(S)$ 计算结果如式(4.42)所示：

$$\begin{cases} G'_{i(n+1)}(S) = -\dfrac{1}{A'Z_g(Z'_{eq\_i} + Z_{L_2\_i})} \\[2mm] A' = \left[\displaystyle\sum_{k=1}^{n} \dfrac{1}{Z'_{eq\_k} + Z_{L_2\_k}} + \dfrac{1}{Z_g} \right] \end{cases} \tag{4.42}$$

整理后可得

$$\begin{aligned} G'_{i(n+1)}(S) &= -\frac{1}{Z'_{eq\_i} + Z_{L_2\_i} + nZ_g} \\[2mm] &= -\frac{S^2 \cdot CL_1 + S \cdot \left[K_{SPWMDelay}K_cC + G_{Ci1}(S)K_{SPWMDelay}C + Cr_{L_1} \right] + 1}{\left\{ \begin{array}{l} \{S^3 \cdot (L_2 + nL_g)CL_1 + S^2 \cdot [(r_{L_2} + nr_g)CL_1 + (L_2 + nL_g) \\ \cdot (CK_cK_{SPWMDelay} + Cr_{L_1})] + S \cdot [L_1 + (r_{L_2} + nr_g) \\ \cdot (CK_cK_{SPWMDelay} + Cr_{L_1}) + (L_2 + nL_g)] + (r_{L_1} + r_{L_2} + nr_g)\} \\ + G_{Ci1}(S)[S^2 \cdot CK_{SPWMDelay}(L_2 + nL_g) + S \\ \cdot CK_{SPWMDelay}(r_{L_2} + nr_g) + K_{SPWMDelay}] \end{array} \right\}} \end{aligned}$$

$$\tag{4.43}$$

$G'_{i(n+1)}(S)$ 为电网电压到第 i 台逆变器并网电流的传递特性，体现出逆变器与复杂电网之间的相互耦合特性。图 4.54 为采用 PIR 控制器与 PI 控制器时 $\mu'_n G_{in}(S)$ 的特性对比结果；图 4.55 为采用 PIR 控制器，在 $K_{cp} = 0.1, r_g = 0.1$，$n = 2$、5、10 和 20 时 $\mu'_n G_{in}(S)$ 的特性对比结果。

从图 4.54 可以看出，采用 PIR 控制器时，在频率 300 Hz、600 Hz、900 Hz 附近

位置,逆变器与复杂电网之间的耦合特性被大幅衰减,从而对来自于复杂电网背景的 5、7、11、13、17 和 19 次谐波电流进行了很好的抑制;在采用 PI 控制器时,在以上频率点附近的增益明显较大,特别在 441 Hz 附近,出现了谐振尖峰,极易导致该频率附近的谐波对第 i 台逆变器并网电流形成污染。PIR 控制器与 PI 控制器对比发现,PIR 对来自于复杂电网的特定频次谐波抑制效果明显增强。从图 4.55 可以看出,随着并网台数的增加,逆变器互耦合特性在 300 Hz、600 Hz、900 Hz 附近位置衰减幅值和相位均没有发生变化,可见 PIR 控制器的抑制作用并没有随并网逆变器台数的变化而发生变化。

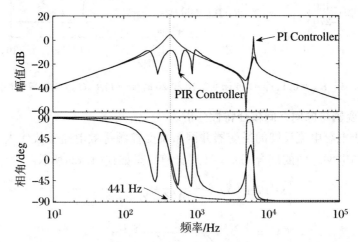

图 4.54　$K_{cp} = 0.1, r_g = 0.1, n = 5$ 时不同控制器下 $G'_{i(n+1)}(S)$ 频率特性对比

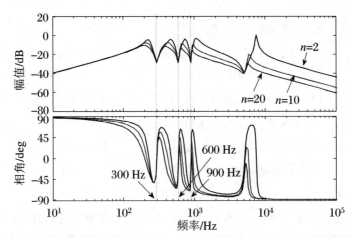

图 4.55　$K_{cp} = 0.1, r_g = 0.1, n = 2、5、10$ 和 20 时 $G'_{i(n+1)}(S)$ 频率特性对比

3. 并网点总电流的谐振机理分析

根据式(4.18)和式(4.19)可知,改进控制策略下的并网总电流表达式如式

(4.44)所示：

$$i_{g\_total} = ni_{L_2\_i} = \frac{n(\mu'_i i_{1i}^* - u_g)}{Z'_{eq\_i} + Z_{L_2\_i} + nZ_g}$$

$$= \frac{\frac{1}{n}\mu'_i}{\frac{1}{n}Z'_{eq\_i} + \frac{1}{n}Z_{L_2\_i} + Z_g}ni_{1i}^* - \frac{1}{\frac{1}{n}Z'_{eq\_i} + \frac{1}{n}Z_{L_2\_i} + Z_g}u_g \quad (4.44)$$

根据式(4.44)可得 n 倍的指令电流到并网总电流的传递函数,如式(4.45)所示:

$$\Phi_{ni_1^* \to i_{g\_total}}(S) = \frac{i_{g\_total}}{ni_1^*} = \frac{\mu'_i}{z'_{eq} + z_{L_2} + nz_g}$$

$$= \frac{G_{Ci1}(S)K_{SPWMDelay}}{\left\{\begin{array}{l} [L_1 S + r_{L_1} + G_{Ci1}(S)K_{SPWMDelay}] + (r_{L_2} + SL_2 + nr_g \\ + SnL_g) \cdot \{CL_1 S^2 + [K_{SPWMDelay}K_c C \\ + G_{Ci1}(S)K_{SPWMDelay}C + Cr_{L_1}]S + 1\} \end{array}\right\}}$$

$$= \frac{G_{Ci1}(S)K_{SPWMDelay}}{\left\{\begin{array}{l} \{S^3 \cdot (L_2 + nL_g)CL_1 + S^2 \cdot [(r_{L_2} + nr_g)CL_1 \\ + (L_2 + nL_g)(CK_c K_{SPWMDelay} + Cr_{L_1})] \\ + S \cdot [L_1 + (r_{L_2} + nr_g)(CK_c K_{SPWMDelay} + Cr_{L_1}) \\ + (L_2 + nL_g)] + (r_{L_1} + r_{L_2} + nr_g)\} \\ + G_{Ci1}(S)[S^2 \cdot CK_{SPWMDelay}(L_2 + nL_g) + S \\ \cdot CK_{SPWMDelay}(r_{L_2} + nr_g) + K_{SPWMDelay}] \end{array}\right\}}$$

$$(4.45)$$

$\Phi_{ni_1^* \to i_{g\_total}}(S)$ 可以看成 n 台逆变器的指令电流到并网总电流的传递特性,体现出 n 台逆变器与并网点总电流之间的相互关系。图 4.56 为 $K_{cp} = 0.1, r_g = 0.1, L_g = 0.5$ mH, $n = 5$ 时不同控制策略下的 $\Phi_{ni_1^* \to i_{g\_total}}(S)$ 特性对比结果;图 4.57为采用 PIR 控制器,在 $K_{cp} = 10, n = 2$、5、10 和 20 时 $\Phi_{ni_1^* \to i_{g\_total}}(S)$ 的特性对比结果。

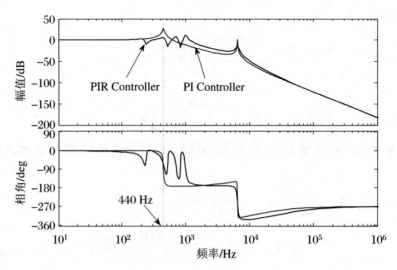

图 4.56　$K_{cp}=0.1, r_g=0.1, n=5$ 时不同控制器下 $\Phi_{ni_1^* \to i_{g\_total}}(S)$ 频率特性对比

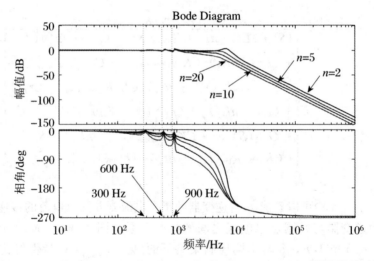

图 4.57　$K_{cp}=10, r_g=0.1, n=2、5、10$ 和 20 时 $\Phi_{ni_1^* \to i_{g\_total}}(S)$ 频率特性对比

图 4.56 表明,在各台逆变器参数取值相同条件下,$K_{cp}=0.1, r_g=0.1, L_g=0.5\ \text{mH}, n=5$ 时,PIR 控制方法较好地抑制了并网总电流的低频次谐波,而在采用传统 PI 控制方法时,在 440 Hz 频段附近并网总电流出现了谐振尖峰,相应频次的谐波出现了叠加放大,并使得并网总电流出现了谐振现象。图 4.57 表明,采用 PIR 控制器,在 $K_{cp}=10, n=2、5、10$ 和 20 时,频率 300 Hz、600 Hz、900 Hz 附近位置,n 台逆变器的指令电流到并网总电流增益的幅值几乎为 0 dB,且其相角特性在以上频率点附近位置几乎靠近 0°,而且随着并网逆变器台数的增加,特定次频率点位置的幅频特性和相频特性几乎不变化。可见,对于多逆变器并网系统,各台逆变

器在采用 PIR 控制器后,其中的 6、12 和 18 次频率的谐振控制器能够实现并网点总电流中的 5、7、11、13、17 和 19 次谐波电流对给定信号的快速跟踪,当各特定次谐波电流的给定值均为零时,其对应的输出频次谐波电流将被有效抑制,因此 PIR 控制器能够更好地抑制并网点总电流中的谐波含量。

根据式(4.44)可得并网点电压到并网总电流的传递函数,如式(4.46)所示:

$$
\begin{aligned}
& \Phi_{u_g \to i_{g\_total}}(S) \\
&= \frac{i_{g\_total}}{u_g} = -\frac{1}{\dfrac{1}{n}Z'_{eq\_i} + \dfrac{1}{n}Z_{L_2\_i} + Z_g} \\[2mm]
&= \frac{nCL_1S^2 + [K_{SPWMDelay}K_cC + G_{Ci}(S)K_{SPWMDelay}C + Cr_{L_1}]nS + n}{\left\{ \begin{aligned} & [L_1S + r_{L1} + G_{Ci}(S)K_{SPWMDelay}] + (r_{L2} + SL_2 + nr_g) \\ & + SnL_g) \cdot \{CL_1S^2 + [K_{SPWMDelay}K_cC \\ & + G_{Ci}(S)K_{SPWMDelay}C + Cr_{L_1}]S + 1\} \end{aligned} \right\}} \\[2mm]
&= \frac{S^2 \cdot nCL_1 + S \cdot n[K_{SPWMDelay}K_cC + G_{Ci}(S)K_{SPWMDelay}C + Cr_{L_1}] + n}{\left\{ \begin{aligned} & \{S^3 \cdot (L_2 + nL_g)CL_1 + S^2 \cdot [(r_{L_2} + nr_g)CL_1 + (L_2 + nL_g) \\ & \cdot (CK_cK_{SPWMDelay} + Cr_{L_1})] + S \cdot [L_1 + (r_{L_2} + nr_g) \\ & \cdot (CK_cK_{SPWMDelay} + Cr_{L_1}) + (L_2 + nL_g)] + (r_{L_1} + r_{L_2} + nr_g)\} \\ & + G_{Ci}(S)[S^2 \cdot CK_{SPWMDelay}(L_2 + nL_g) + S \\ & \cdot CK_{SPWMDelay}(r_{L_2} + nr_g) + K_{SPWMDelay}] \end{aligned} \right\}}
\end{aligned}
$$

$$(4.46)$$

$\Phi_{u_g \to i_{g\_total}}(S)$ 可以看成是并网点电压到并网总电流的传递特性,体现出 n 台逆变器的并网总电流与复杂电网之间的耦合关系,同时通过观察式(4.46)发现,$\Phi_{u_g \to i_{g\_total}}(S)$ 的特性实际上也体现了多逆变器并网输出总阻抗与电网阻抗之间的耦合关系。图 4.58 为 $K_{cp}=0.1, r_g=0.1, L_g=0.5 \text{ mH}, n=5$ 时不同控制策略下的 $\Phi_{u_g \to i_{g\_total}}(S)$ 特性对比结果;图 4.59 为采用 PIR 控制器,在 $K_{cp}=0.1, n=2、5、10$ 和 20 时 $\Phi_{u_g \to i_{g\_total}}(S)$ 的特性对比结果。

从图 4.58 可以看出,在各台逆变器采用 PIR 控制器,且 $K_{cp}=0.1, r_g=0.1, L_g=0.5 \text{ mH}, n=5$ 时,在频率 300 Hz、600 Hz、900 Hz 附近位置,并网点电压到并网总电流的传递特性幅值被大幅衰减,从而抑制了来自于复杂电网背景的 5、7、11、13、17 和 19 次谐波电流对并网总电流的影响;在各台逆变器采用 PI 控制器时,在以上频率点附近的增益明显较大,特别在 441 Hz 附近,出现了谐振尖峰,极易导致该频率附近的谐波引起并网总电流发生谐振。PIR 控制器与 PI 控制器对比发现,PIR 控制器抑制了并网总电流在特定次频率点发生谐振的可能性。但图 4.59 表明,在采用 PIR 控制器时,特定频率次以外的部分频段幅值特性超过 0 dB,这就说明,PIR 控制器对特定频率次以外的部分频段谐波缺乏抑制能力,如果电网存在该频段的谐波干扰,将会影响并网总电流的质量。从图 4.59 可以看出,在各台逆变器采用 PIR 控制器,且 $K_{cp} = 0.1, r_g = 0.1, L_g = 0.5$ mH,$n = 2,5,10$ 和 20 时,随着并网台数的增加,并网点电压到并网总电流的传递特性曲线整体上移,特定次频率点处的幅值衰减幅度减小,超出 0 dB 部分的带宽变大,PIR 控制器对并网总电流在特定次频率点发生谐振的抑制能力减弱,在特定频率次以外的部分频段发生谐振的可能性增大。

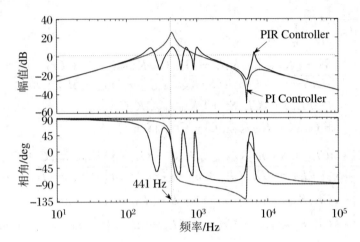

图 4.58　$K_{cp} = 0.1, r_g = 0.1, n = 5$ 时不同控制器下 $\Phi_{u_g \to i_{g\_total}}(S)$ 频率特性对比

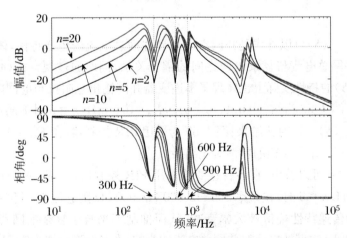

图 4.59　$K_{cp} = 0.1, r_g = 0.1, n = 2,5,10$ 和 20 时 $\Phi_{u_g \to i_{g\_total}}(S)$ 频率特性对比

　　综合以上多机并网谐振特性分析内容发现,PIR 控制器对逆变器自身的耦合谐波影响以及任意两台逆变器之间的耦合谐波影响均能进行较好的抑制;但随着并网逆变器台数的增加,PIR 控制器对并网总电流中特定频次(5、7、11、13、17 和 19 次谐波)以外的部分频段谐波缺乏抑制能力,相应频次的谐波谐振不能消除;同

时随着并网台数的增加,第 i 台逆变器与其余 $n-1$ 台逆变器的总耦合影响逐渐加大,相应频次的谐波谐振的可能性增大。

4.5　并网仿真实验

为验证以上所提出谐振抑制策略的有效性,在 MATLAB 中构建单机并网和多机并网仿真模型。在仿真过程中,若无特别说明,逆变器、负载和电网参数均采用表 4.3 中的数值。

表 4.3　逆变器并网系统参数设定值

参数名称	参数值	参数名称	参数值
P_n	10 kW	K_c	1
L_1	2 mH		
r_{L_1}	0.1 mΩ	K_m	50
C	20 μF	ω_{cn}	10
L_2	0.6 mH	$R_{Line i}$	0.1 Ω
r_{L_2}	0.1 mΩ	$L_{Line i}$	0.5 mH
K_{cp}	10	n	3
K_{ci}	1000		

4.5.1　单机并网仿真实验分析

在进行单机并网实验时,构建的复杂电网环境如下:电网阻抗设定为 $0.1+$ $j0.16\ \Omega$,同时给理想电网注入 5、7、11、13、17 和 19 次等低次谐波限值总和,各次谐波限值按照国际电工委员会(IEC)制定的电磁兼容(EMC)61000 系列标准中的中低压配网谐波限值标准确定,其中,5 次谐波为 6%,7 次谐波为 5%,11 次谐波为 3.5%,13 次谐波为 3%,17 次谐波为 2%,19 次谐波为 1.5%。图 4.60(a)、(b)分别是在图 4.36 控制结构的基础上采用基于常规 PI 控制策略、PIR 控制策略的逆变器并网电流波形及其谐波分析结果;表 4.4 为 10 kW 单机并网输出电流各次谐波分析结果。

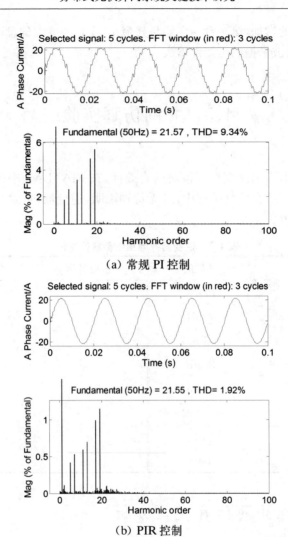

（a）常规 PI 控制

（b）PIR 控制

图 4.60　10 kW 单机系统输出电流波形及谐波分析

表 4.4　10 kW 单机系统输出电流各次谐波分析

输出电流谐波次数	PI 控制	PIR 控制
H5	1.78	0.42
H7	2.55	0.54
H11	3.23	0.59
H13	3.66	0.67
H17	4.83	1.01
H19	5.50	1.21
THD%	9.34	1.92

图4.60和表4.4表明,在采用PI控制方法时,5次和7次谐波含有率分别为1.78%和2.55%,相对偏低;17次和19次谐波含有率分别为4.83%和5.50%,相对偏高,总畸变率达到9.34%,前面章节对基于PI控制方法的谐振特性分析内容中,谐振峰出现在841 Hz附近,说明电网电压中17次和19次谐波对逆变器输出电流影响最大。在采用基于PIR控制器的有源阻尼控制方法后,各次谐波均得到了大幅衰减,更好地抑制了对并网电流的影响,输出电流总畸变率只有1.92%。加入电网电压前馈控制以后,来自于电网背景的各次谐波进一步被衰减,并网电流质量进一步得到提高,畸变率降低到1.46%。以上实验结果表明,在同等并网条件和控制参数条件下,采用PIR控制器后,并网电流质量得到明显提高。

4.5.2　多机并网仿真实验分析

在进行多逆变器并网实验时,复杂电网环境的构建与单机并网实验时相同,并网逆变器台数选择为三台,各台逆变器的控制参数和滤波器参数相同。图4.61(a)、(b)和表4.5分别是采用基于常规PI控制策略、PIR控制策略后其中一台逆变器并网电流波形及其谐波分析结果。图4.62(a)、(b)分别是采用基于常规PI控制策略、PIR控制策略后三台逆变器并网总电流波形及其谐波分析结果。

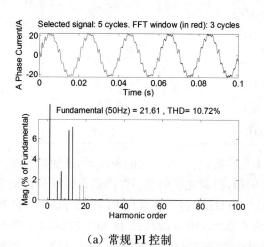

（a）常规PI控制

图4.61　三台并网时单台逆变器输出电流波形及谐波分析

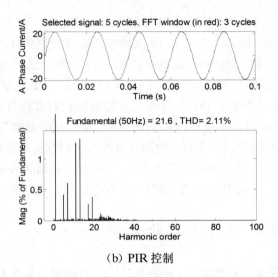

（b）PIR 控制

续图 **4.61** 三台并网时单台逆变器输出电流波形及谐波分析

表 **4.5** 三台并网时单台逆变器输出电流波形各次谐波分析

输出电流谐波次数	PI 控制	PIR 控制
H5	1.82	0.43
H7	2.79	0.61
H11	6.83	1.23
H13	7.20	1.32
H17	1.51	0.30
H19	1.41	0.39
THD%	10.72	2.11

图 4.61 和表 4.5 表明，在三台并网的条件下，逆变器与电网之间的耦合加强，谐振点向低频方向偏移，根据之前的多机并网谐振特性分析结果，在三台并网的条件下，谐振频率点在 520 Hz 附近。在采用 PI 控制方法时，11 次和 13 次谐波含有率分别为 6.83% 和 7.20%，相对偏高；5 次和 7 次谐波含有率分别为 1.82% 和 2.79，17 次和 19 次谐波含有率分别为 1.51% 和 1.41%，均相对偏低，符合之前谐振特性分析结果。总畸变率达到 10.72%，比单机并网时的 9.34% 略高，表明了逆变器之间的耦合对输出电流的影响。在采用基于 PIR 控制器的有源阻尼控制方法后，各次谐波均得到了大幅衰减，输出电流总畸变率降到 2.11%，更好地抑制了电网背景各次谐波对逆变器并网电流的影响。以上实验结果表明，在多机并网条件下，采用 PIR 控制器前后，谐波含量明显降低，对系统谐振进行了有效抑制。

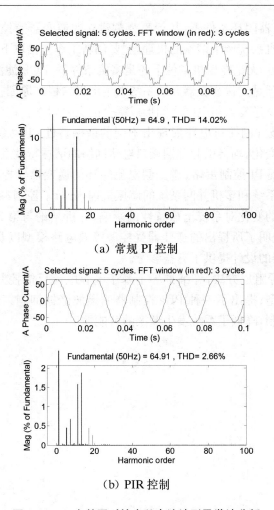

（a）常规 PI 控制

（b）PIR 控制

图 4.62　三台并网时输出总电流波形及谐波分析

　　图 4.62 表明，在 PI 控制方法下，11 次和 13 次谐波含有率分别是 8.58% 和 10.18%，相对偏高；5 次、7 次、17 次和 19 次谐波含有率分别为 1.92%、3.01%、2.23% 和 1.22%，相对偏低，这与三台并网时谐振点在 520 Hz 附近相符合。采用 PIR 控制方法后，THD 由 14.02% 下降到 2.6%，抑制效果明显。各种控制方法下总电流的畸变率比各逆变器输出电流的畸变率略高，这表明多机并网的条件下，逆变器与电网的耦合加强，受电网背景谐波的影响更大。

4.6　本章小结

　　本章在逆变器开环条件下分析了 LCL 并网接口电路在各种谐波源激励下的

谐振特性,在逆变器闭环条件下,基于第 2 章建立的逆变器受控源等效电路模型,分析了单机和多机系统产生谐振的机理,主要创新工作包括以下三点:

(1) 研究表明,无论在单机条件下还是多机条件下,LCL 滤波并网接口电路本身固有的谐振机理是光伏逆变器并网系统发生谐振的根本原因,也是逆变器自身、各逆变器之间以及逆变器与电网之间形成耦合的主要因素。在各种不同的谐波源激励下,LCL 滤波并网接口电路展现出不同的谐振特性,电网参数的变化以及逆变器并联台数的变化,均会引起并网接口电路网络的谐振特性发生变化。

(2) 基于常规 PI 控制策略、逆变侧电流闭环的逆变器受控源等效电路模型,分析了单机并网系统和多机并网系统的谐振机理,分析了控制参数、电网参数以及并网逆变器数量的变化对系统谐振特性的影响,分析结论与第 3 章的谐波交互分析结论相吻合,表明了所提出的逆变器受控源等效电路模型以及谐振分析方法的正确性,为逆变器的设计提供了有益参考。

(3) 针对有源阻尼方法,详细推导了基于电容电流反馈控制策略的逆变器受控源等效电路模型;提出了一种 PIR 控制器的谐波谐振抑制策略,实现了对特定次谐波电流的抑制,降低了系统发生谐振的可能性。

第 5 章　总结与展望

5.1　研究工作总结

　　本书以光伏多逆变器并网系统为研究对象,分析了光伏系统的组成原理,建立了逆变器受控源等效电路模型,基于模型分析了系统谐波谐振特性,并提出了相应的谐波谐振抑制策略,仿真分析结果验证了所提模型及谐振机理分析方法的正确性与通用性、谐波谐振抑制策略的有效性,为逆变器的设计提供了有益参考。主要工作包括以下 4 点:

　　(1) 首先,对光伏单机并网系统的组成原理及各部分特性进行了逐一分析,主要包括:利用粒子群优化算法,在对 R_{sh} 和 A 不做近似的情况下给出了硅太阳电池单二极管等效电路模型五参数的确定方法,该方法对不同的硅太阳电池以及同种电池不同工况下的输出特性均能准确预测,误差在 2% 以内;给出了逆变器前级 Boost DC/DC 变换电路、后级 DC/AC 变换电路以及并网接口滤波电路的特性分析,在电网电压定向的并网逆变器控制策略基础上,通过对逆变器控制框图进行等效变换,提出了一种逆变器受控源等效电路模型,并给出了模型参数的详细计算。该模型能准确反映逆变器并网运行时的工作特性,并具有一定的通用性,为后续逆变器并网系统的谐波谐振机理研究提供了理论基础。

　　(2) 其次,基于二重傅里叶积分分析方法分别对 SPWM 调制和 SVPWM 调制输出的电压进行谐波频谱分析,推导出三相全桥电路输出电压谐波的解析解,进而得出基于 SPWM 调制策略和 SVPWM 调制策略的谐波分布规律;同时,基于二重傅里叶积分分析方法对死区设置引起的谐波分布规律进行分析。研究了单相和三相变压器的输出谐波电流特性,提出了一种电力负荷的通用模型,将电力负荷的集总效应用一组并联的等效阻、感、容性元件进行模拟,非线性负荷产生的谐波效应,用伴随谐波注入的电流源进行模拟。基于谐波源的等效模型,仿真分析了逆变器、负载和配电网之间的谐波交互影响,研究了多机系统谐波分布规律。

　　(3) 最后,在逆变器开环条件下分析了 LCL 并网接口电路在各种谐波激励源下的谐振机理,在逆变器闭环条件下,基于第2章介绍的逆变器受控源等效电路模型,分析了单机和多机系统产生谐振的机理。研究表明,无论在单机条件下还是多机条件下,LCL滤波并网接口电路本身固有的谐振特性是光伏逆变器并网系统发生谐振的根本原因,也是逆变器自身、各逆变器之间以及逆变器与电网之间形成耦合的主要因素。在各种不同的谐波源激励下,LCL滤波并网接口电路展现出不同的谐振特性,电网参数的变化以及逆变器并联台数的变化,均会引起并网接口电路网络的谐振特性发生变化。基于常规PI控制策略、逆变侧电流闭环的逆变器受控源等效电路模型,分析了单机并网系统和多机并网系统发生谐振的机理,分析了控制参数、电网参数以及并网逆变器数量的变化对系统谐振特性的影响,分析结论与第3章的谐波交互分析结论相吻合,表明了所提出的逆变器受控源等效电路模型以及谐振特性分析方法的正确性,为逆变器的设计提供了有益参考。

(4) 针对有源阻尼方法,详细推导了基于电容电流反馈控制策略的逆变器受控源等效电路模型;提出了一种PIR控制器的谐波谐振抑制策略,实现了对特定次谐波电流的抑制,提高了并网电流的质量。

5.2　研究工作展望

根据目前光伏技术的发展趋势,分布式光伏应用将进一步普及化,本书对高密度光伏接入系统的谐波谐振特性进行了详细分析,并提出了相应的谐波谐振抑制策略,为逆变器的设计提供了有益参考。但由于时间和作者目前知识所限,所研究的课题依然存在一些后续问题值得进一步探讨,主要包括以下几点:

(1) PWM调制策略的进一步分析研究。本书第2章基于二重傅里叶积分分析方法对SPWM调制的输出电压进行了谐波频谱分析,推导出了三相全桥电路输出电压谐波的分布规律;并基于傅里叶—帕塞瓦尔能量定理得出SPWM输出谐波含量只与M、U_d有关,与载波的频率变化无关,载波频率变化只是改变了谐波的分布的结论。在此研究基础上,可以进一步对载波变周期PWM调制和随机移相PWM调制的输出电压进行二重傅里叶积分分析,研究其谐波频谱分布规律并与常规PWM调制策略进行对比,以便找出更合适的降低逆变器输出谐波PWM调制方法。

(2) 建立不同参数条件下的多机系统受控源等效电路模型并进行谐振特性分析。本书第2章和第4章所建立多机系统受控源等效电路模型和相应的多机系统谐振特性分析均是基于相同的逆变器参数,为进一步提高模型和分析方法的通用性,可以在此研究基础上,进一步研究不同逆变器参数条件下的多机系统受控源等效电路模型并进行相应的谐振特性分析。

（3）共模电流源的建模及其对配电网的影响研究。并网系统由于主电路的拓扑结构不同、控制策略不同，其存在的输出共模电压也会不同，虽然逆变器在抑制共模电流方面采取了一些软、硬件措施，但其共模电流仍然存在并有差异，高密度条件下，由于输电线路分布电感、光伏阵列分布电容等的影响，可能对配电网的安全和质量产生影响。通过对逆变器共模电压的发生建立模型，并基于配电网分布参数和阵列分布参数，在多机高密度条件下，分析研究共模电流的影响和危害也是进一步研究的重要内容。

参 考 文 献

[1] Hecht J. Photovoltaics Reach Record Efficiency[J]. Laser Focus World，2007，43(1):73 - 76.

[2] Higgins M J. Your Solar-power Future[J]. Futurist, 2009，43(3): 25 - 29.

[3] Kamaruzzaman S，Abdul L I. Can a High-Tech Silicon Photovoltaic be a Cottage Industry [J]. European Journal of Scientific Research，2008，24 (2).

[4] Geisthardt R M，Topic M，Sites J R. Status and Potential of CdTe Solar-cell Efficiency[J]. IEEE Journal of Photovoltaics, 2015, 5(4):1217 - 1221.

[5] Deng Hao，Fu Nanan，Liu Peidong，et al. High-performance monocrystalline silicon could lead the photovoltaic power generation in the future [C]//2015 China Semiconductor Technology International Conference (CSTIC)，15 - 16March，2015(15 - 16):1 - 6.

[6] Jordan D C，Kurtz S R. Photovoltaic Degradation Rates-An Analytical Review [J]. Progress in Photovoltaics:Research and Applications，2013，21(1):1 - 140.

[7] Levarat J，Allebe C，Badel N. High-performance hetero-junction crystalline silicon photovoltaic technology[C]//2014 IEEE Photovoltaic Specialist Conference(PVSC)，2014(8 - 13):1218 - 1222.

[8] Kwokl S，Chihiro W. Towards an Institutions Theoretic Framework Comparing Solar Photovoltaic Diffusion Patterns in Japan and the United States[J]. International Journal of Innovation Management，2007(11):565 - 592.

[9] Scott P K. Durability & Reliability Challenges for Photovoltaics[J]. Power Engineering, 2008, 112(11): 12 - 14.

[10] Zhi Q，Sun H，Li Y，et al. China's solar Photovoltaic policy:An analysis based on policy instruments[J]. Applied Energy，2014,45(5):308 - 319.

[11] 王嵘. 光伏产业发展路线与前景展望[N]. 国家电网报，2017 - 04 - 18.

[12] 索比光伏网. 全球光伏产业发展现状及国内光伏概况[EB/OL]. http://news. solarbe. com/201505/18/71699. html，2015 - 05 - 18.

[13] 北极星太阳能光伏网.2016 全球光伏装机容量统计[EB/OL]. http：// guangfu .bjx.com.cn/news/20170420/821405.shtml，2017－04－20.

[14] 北极星太阳能光伏网.2016 中国光伏装机继续领跑全球[EB/OL].http：// guangfu. bjx.com.cn/special/? id＝794985，2016－12－07.

[15] 国家能源局网站.2016 年光伏发电统计信息[EB/OL]. http：// www.nea. gov.cn /2017-02/04/ c_136030860.htm，2017－02－04.

[16] 太阳能光伏网. 2016 年我国光伏装机容量世界第一[EB/OL]. http：//solar.ofweek.com /2017－02 /ART－260009－8120－30099587.html，2017－02－06.

[17] 中国投资咨询. 2017 上半年光伏装机增量再创纪录[EB/OL]. http：// www.ocn.com.cn /touzi/chanjing/201707/ezpkl19104307.shtml，2017－07－09.

[18] 丁明，王伟胜，王秀丽，等. 大规模光伏发电对电力系统影响综述[J]. 中国电机工程学报，2014，34(1)：1－14.

[19] 赵争鸣，雷一，贺凡波，等.大容量并网光伏电站技术综述[J].电力系统自动化，2011，35(12)：101－107.

[20] Z Jinwei He，Li Yunwei，Dubravko B，et al. Investigation and active damping of multiple resonances in a parallel-inverter-based microgrid[J]. IEEE Transactions. on Power Electronics，2013，28(1)：234－246.

[21] Arcuri S，Liserre M，Ricchiuto D，et al. Stability analysis of grid inverter LCL-filter resonance in wind or photovoltaic parks[C]// IEEE Industrial Electronics Society，2011：2499－2504.

[22] 王兆安,刘进军,王跃,等. 谐波抑制和无功功率补偿[M].3 版.北京:机械工业出版社,2016.

[23] 王兆安,刘进军. 电力电子技术[M]. 5 版.北京:机械工业出版社,2009.

[24] 周文珊. 主动配电网建模及谐波特性研究 [D]. 北京交通大学,2012.

[25] 孙柱萍,徐良荣.供电系统中谐波危害与治理[J].电工电气,2009(2)：63－64.

[26] 程浩忠,艾芊,朱子述,等. 电能质量 [M]. 北京:清华大学出版社,2006.

[27] 程浩忠. 电能质量讲座第七讲:谐波标准及其管理[J].低压电器,2007(14)：59－63.

[28] 刘燕华, 张楠, 赵冬梅. 国内外光伏并网标准中电能质量相关规范对比与分析[J].现代电力,2011,28(6):77－81.

[29] 陈崇源. 高等电路[M]. 武汉:武汉大学出版社,2000.

[30] Villalva M G，Gazoli J R，Filho E R. Comprehensive Approach to Modeling and Simulation of Photovoltaic Arrays[J]. IEEE Transactions on

Power Electronics，2009，24(5)：1198-1208.

[31] Lo Brano V，Ciulla G. An efficient analytical approach for obtaining a five parameters model of photovoltaic modules using only reference data [J]. Applied Energy，2013，111(11)：894-903.

[32] Sheraz K M，Abido M A. A novel and accurate photovoltaic simulator based on seven-parameter model[J]. Electric Power Systems Research，2014，116(11)：243-251.

[33] 苏建徽，余世杰，赵为，等.硅太阳电池工程用数学模型[J].太阳能学报，2001，22(4)：409-412.

[34] 廖志凌，阮新波.任意光强和温度下的硅太阳电池非线性工程简化数学模型[J]. 太阳能学报，2009，30(4)：430-435.

[35] 彭乐乐，孙以泽，林学龙，等. 工程用太阳电池模型及参数确定法[J]. 太阳能学报，2012，33(2)：283-286.

[36] 高金辉，苏军英，李迎迎. 太阳电池模型参数求解算法的研究[J]. 太阳能学报，2012，33(9)：1458-1462.

[37] 赵争鸣，陈剑，孙晓瑛.太阳能光伏发电最大功率点跟踪技术[M].北京:电子工业出版社，2012：27-96.

[38] Subudhi B，Pradhan R. A Comparative Study on Maximum Power Point Tracking Techniques for Photovoltaic Power Systems[J]. IEEE Transactions on SustainableEnergy，2013，4(1)：89-98.

[39] Sera D，Mathe L，Kerekes T，et al. On the Perturb and Observe and Incremental Conductance MPPT Methods for PV Systems[J]. IEEE Journal of Photovoltaics，2013，3(3)：1070-1078.

[40] Kobayashi K，Takano I，Sawada Y. A study of a two stage maximum power point tracking control of a photovoltaic system under partially shaded insolation conditions [J]. Solar Energy Material & Solar Cells，2006 (90)：2975-2988.

[41] Syafaruddin，Karatepe E，Hiyama T. Artificial neural network-polar coordinated fuzzy controller based maximum power point tracking control under partially shaded conditions[J]. IET Renewable Power Generation，2009，3(2)：239-253.

[42] Ramaprabha R，Mathur B，Ravi A，et al. Modified Fibonacci search based MPPT scheme for SPVA under partial shaded conditions[C]//3rd International Conference on Emerging Trends in Engineering and Technology. Goa，India：IEEE，2010：379-384.

[43] Alonso R，Ibaez P，Martinez V，et al. An innovative perturb，observe

and check algorithm for partially shaded PV systems[C]//13th European Conference on Power Electronics and Applications. Barcelona, Spain: EPE, 2009: 1-8.

[44] Ji Y H, Jung D Y, Kim J G, et al. A real maximum power point tracking method for mismatching compensation in PV array under partially shaded conditions[J]. IEEE Transactions on Power Electronics, 2011, 26(4): 1001-1009.

[45] Ji Y H, Jung D Y, Won C Y, et al. Maximum power point tracking method for PV array under partially shaded condition[C]//IEEE Energy Conversion Congress and Exposition. Helsinki, Finland: IEEE, 2009: 307-312.

[46] Mohanty P, Bhuvaneswari G, Balasubramanian R, et al. MATLAB based modeling to study the performance of different MPPT techniques used for solar PV system under various operating conditions[J]. Renewable and Sustainable Energy Reviews, 2014, 38(10): 581-593.

[47] Carrasco M, Mancilla-David F. Maximum power point tracking algorithms for single-stage photovoltaic power plants under time-varying reactive power injection[J]. Solar Energy, 2016, 132(7): 321-331.

[48] 周天沛,孙伟.不规则阴影影响下光伏阵列最大功率点跟踪方法[J].电力系统自动化, 2015, 39(10): 42-49.

[49] Enslin J H R, Heskes P J M. Harmonic interaction between a large number of distributed power inverters and the distribution network[J]. IEEE Transactions on Power Electronics, 2004, 19(6): 1586-1593.

[50] Kotsopoulos A, Heskes P J M, Jansen M J. Zero-crossing distortion in grid-connected PV inverters[J]. IEEE Transactions on Industrial Electronics, 2005, 52(2): 558-565.

[51] He J, Li Y W, Bosnjak D, et al. Investigation and active damping of multiple resonances in a parallel-inverter-based microgrid[J]. IEEE Transactions on Power Electronics, 2013, 28(1): 234-246.

[52] Lu M, Wang X, Loh P C, et al. Interaction and aggregated modeling of multiple paralleled inverters with LCL filter[C]//Energy Conversion Congress and Exposition(ECCE), 2015 IEEE. IEEE, 2015: 1954-1959.

[53] Lu M, Wang X, Blaabjerg F, et al. An analysis method for harmonic resonance and stability of multi-paralleled LCL-filtered inverters[C]//Power Electronics for Distributed Generation Systems(PEDG), 2015 IEEE 6th International Symposium on. IEEE, 2015: 1-6.

［54］ Ye Q，Mo R，Shi Y，et al. A unified Impedance-based Stability Criterion (UIBSC) for paralleled grid-tied inverters using global minor loop gain (GMLG)［C］//Energy Conversion Congress and Exposition(ECCE)，2015 IEEE. IEEE，2015：5816－5821.

［55］ Juntunen R，Korhonen J，Musikka T，et al. Identification of resonances in parallel connected grid inverters with LC-and LCL-filters［C］//Applied Power Electronics Conference and Exposition (APEC)，2015 IEEE. IEEE，2015：2122－2127.

［56］ 张兴,余畅舟,刘芳,等. 光伏并网多逆变器并联建模及谐振分析［J］. 中国电机工程学报，2014，34(3)：336－345.

［57］ Agorreta J L,Borrega M,López J,et al. Modeling and control of N-paralleled grid-connected inverters with LCL filter coupled due to grid impedance in PV plants［J］. IEEE Transactions on Power Electronics，2011，26 (3－4)：770－785.

［58］ Sun J. Impedance-based stability criterion for grid-connected inverters ［J］. IEEE Transactions on Power Electronics，2011，26(11)：3075－3078.

［59］ Cha Hanju，Vu Trung-Kien. Comparative analysis of low-pass output filter for single-phase grid-connected photovoltaic inverter［C］//25th Annual IEEE Applied Power Electronics Conference and Exposition-APEC 2010：1659－1665.

［60］ 刘飞，查晓明，段善旭. 三相并网逆变器 LCL 滤波器的参数设计与研究［J］. 电工技术学报，2010，25(3)：110－116.

［61］ 周德佳，赵争鸣，袁立强，等. 300kW 光伏并网系统优化控制与稳定性分析［J］.电工技术学报，2008，23(11)：116－122.

［62］ 李飞，张兴，朱虹，等. 一种 LCLLC 滤波器及其参数设计［J］.中国电机工程学报，2015，35(8)：2009－2017.

［63］ Wu W，Sun Y，Huang M，et al. A robust passive damping method for LLCL filter based grid-tied inverters to minimize the effect of grid harmonic voltages［J］. IEEE Transactions on Power Electronics，2014，29(7)：1397－1409.

［64］ Wu W,Sun Y,Lin Z,et al. A modified LLCL-filter withthe reduced conducted EMI noise［C］//2013 15th European Conference on Power Electronics and Applications(EPE). IEEE，2013：1－10.

［65］ Rockhill A A，Liserre M，Teodorescu R，et al. Grid-filter design for a multimegawatt medium-voltage voltage-source inverter［J］. IEEE Transactions on Industrial Electronics，2011，58(4)：1205－1217.

[66] Ahmed K H, Finney S J, Williams B W. Passive filter design for three-phase inverter interfacing in distributed generation[C]//Compatibility in Power Electronics, 2007. IEEE, 2007: 1 - 9.

[67] Pena-Alzola R, Liserre M, Blaabjerg F, et al. Analysis of the passive damping losses in LCL-filter-based grid converters[J]. IEEE Transactions on Power Electronics, 2013, 28(6): 2642 - 2646.

[68] Wu W, He Y, Blaabjerg F. An LLCL power filter for single-phase grid-tied inverter[J]. IEEE Transactions on Power Electronics, 2012, 27(2): 782 - 789.

[69] Wu W, He Y, Tang T, et al. A new design method for the passive damped LCL and LLCL filter-based single-phase grid-tied inverter[J]. IEEE Transactions on Industrial Electronics, 2013, 60(10): 4339 - 4350.

[70] Wu W, Huang M, Sun Y, et al. A composite passive damping method of the LLCL-filter based grid-tied inverter[C]//2012 3rd IEEE International Symposium on Power Electronics for Distributed Generation Systems (PEDG). IEEE, 2012: 759 - 766.

[71] Pena-Alzola R, Liserre M, Blaabjerg F, et al. Analysis of the passive damping losses in LCL-filter-based grid converters[J]. IEEE Transactions on Power Electronics, 2013, 28(6): 2642 - 2646.

[72] Peña-Alzola R, Liserre M, Blaabjerg F, et al. Analysis of the passive damping losses in LCL-filter-based grid converters[J]. IEEE Transactions on Power Electronics, 2013, 28(6): 2642 - 2646.

[73] Dannehl J, Fuchs F W, Hansen S, et al. Investigation of active damping approaches for PI-based current control of grid-connected pulse width modulation converters with LCL filters[J]. Industry Applications, IEEE Transactions on, 2010, 46(4): 1509 - 1517.

[74] Liserre M, Aquila A D, Blaabjerg F. Genetic algorithm-based design of the active damping for an LCL-filter three-phase active rectifier[J]. IEEE Transactions on Power Electronics, 2004, 19(1): 76 - 86.

[75] Yu C, Zhang X, Liu F, et al. A general active damping method based on capacitor voltage detection for grid-connected inverter[C]//ECCE Asia Downunder(ECCE Asia), 2013 IEEE. IEEE, 2013: 829 - 835.

[76] Liserre M, Blaabjerg F, Hansen S. Design and control of an LCL-filter-based three-phase active rectifier[J]. IEEE Transactions on Industry Applications, 2005, 41(5): 1281 - 1291.

[77] Bao Chenlei, Ruan Xinbo, Wang Xuehua, et al. Step-by-step controller

design for LCL-type grid-connected inverter with capacitor-current-feed-back active-damping[J]. IEEE Transactions on Power Electronics，2014，29(3)：1239 - 1253.

[78] 潘冬华，阮新波，王学华，等. 提高 LCL 型并网逆变器鲁棒性的电容电流即时反馈有源阻尼方法[J]. 中国电机工程学报，2013，33(18)：1 - 10.

[79] He J，Li Y. Generalized closed-loop control schemes with embedded virtual impedances for voltage source converters with LC or LCL filters[J]. IEEE Transactions on Power Electronics，2012，27(4)：1850 - 1861.

[80] 杨东升，阮新波，吴恒. 提高 LCL 型并网逆变器对弱电网适应能力的虚拟阻抗方法[J].中国电机工程学报，2014，34(15)：2327 - 2335.

[81] Yang D，Ruan X，Wu H. Impedance shaping of the grid-connected inverter with LCL filter to improve its adaptability to the weak grid condition[J]. IEEE Transactions on Power Electronics，2014，29(11)：5795 - 5805.

[82] Liu C，Dai K，Duan K，et al. Application of an LLCL filter on three-phase three-wire shunt active power filter[C]// 2012 IEEE 34th International Telecommunications Energy Conference. IEEE，2012：1 - 5.

[83] Peña-Alzola R，Liserre M，Blaabjerg F，et al. Systematic design of the lead-lag network method for active damping in LCL-filter based three phase converters[J]. IEEE Transactions on Industrial Informatics，2014，10(1)：43 - 52.

[84] Zou C，Liu B，Duan S，et al. A feedfoward scheme to improve system stability in grid-connected inverter with LCL filter[C]//2013 IEEE Energy Conversion Congress and Exposition，Denver，2013：4476 - 4480.

[85] Dannehl J，Liserre M，Fuchs F W. Filter-based active damping of voltage source converters with LCL filter[J]. IEEE Transactions on Industrial Electronics，2011，58(8)：3623 - 3633.

[86] Parker S G，McGrath B P，Holmes D G. Regions of active damping control for LCL filters[J]. IEEE Transactions on Industry Applications，2014，50(1)：424 - 432.

[87] Parikshith C，Vinod J. Filter optimization for grid interactive voltage source inverters[J]. IEEE Transactions on Industrial Electronics，2010，57(12)：4106 - 4114.

[88] Bao Chenlei，Ruan Xinbo，Wang Xuehua，et al. Step-by-step controller design for LCL-type grid-connected inverter with capacitor-current-feed-back active-damping[J]. IEEE Transactions on Power Electronics，2014，29(3)：1239 - 1253.

［89］ Mohamed Y，Rahman M，Y A I，et al. Robust line-voltage sensorless con-
trol and synchronization of LCL-filtered distributed generation inverters
for high power quality grid connection［J］. IEEE Transactions on Power
Electronics，2012，27(1)：87－98.

［90］ Turner R，Walton S，Duke R. A case study on the application of the
nyquist stability criterion as applied to interconnected loads and sources
on grids［J］. IEEE Trans. on Industrial Electronics，2013，60(7)：2740－
2749.

［91］ Xu J，Xie S，Tang T. Active damping-based control for grid-connected
LCL-filtered inverter with injected grid current feedback only［J］. IEEE
Transactions on Industrial Electronics，2014，61(9)：4746－4758.

［92］ 雷一，赵争鸣，袁立强，等. LCL 滤波的光伏并网逆变器阻尼影响因素分析
［J］.电力系统自动化，2012，36(21)：36－40.

［93］ 潘冬华，阮新波，王学华，等. 提高 LCL 型并网逆变器鲁棒性的电容电流
即时反馈有源阻尼方法［J］. 中国电机工程学报，2012，33(18)：1－10.

［94］ 许津铭，谢少军，肖华锋. LCL 滤波器有源阻尼控制机制研究［J］. 中国电
机工程学报，2012，32(9)：27－33.

［95］ 吴云亚，谢少军，阚加荣，等.逆变器侧电流反馈的 LCL 并网逆变器电网电
压前馈控制策略［J］. 中国电机工程学报，2013，33(6)：54－60.

［96］ 尹靖元，金新民，吴学智，等.基于带通滤波器的 LCL 型滤波器有源阻尼控
制［J］.电网技术，2013，37(8)：2376－2382.

［97］ 陈新，王赟程，华淼杰，等. 采用混合阻尼自适应调整的并网逆变器控制方
法［J］. 中国电机工程学报，2016，36(3)：765－774.

［98］ 雷一，赵争鸣，鲁思兆. LCL 滤波的光伏并网逆变器有源阻尼与无源阻尼
混合控制［J］. 电力自动化设备，2012，32(11)：23－27.

［99］ Kadri R，Gaubert J P，Champenois G. An improved maximum power
point tracking for photovoltaic grid-connected inverter based on voltage-
oriented control［J］. IEEE Trans on Industrial Electronics，2011，58(1)：
66－75.

［100］ Carrero C，Amador J，Arnaltes S. A single procedure for helping PV de-
signers to select silicon PV modules and evaluate the loss resistances［J］.
Renewable Energy，2007，32(12)：2579－2589.

［101］ Soon J J，Low K S. Optimizing photovoltaic model parameters for simu-
lation ［C］// IEEE International symposium on Industry
Electronics，2012.

［102］ Sera D，Teodorescu R，Rodriguez P. PV panel model based on datasheet values[C]// IEEE International Symposium on Industry Electronics，2007.

[103] Chan D S H，Phillips J R，Phang J C H. A comparative study of extrac-
　　　 tion methods for solar cell model parameters[J]. Solid-State Electronics，
　　　 1986，29(3)：329－337.

[104] Chatterjee A，Keyhani A，Kapoor D. Identification of photovoltaic
　　　 source models[J]. IEEE Transactions on Energy Conversion，2011，26
　　　 (3)：883－889.

[105] Kim S，Youn M J. Variable-structure observer for solar array current es-
　　　 timation in a photovoltaic power-generation system[J]. IEE Proceedings
　　　 of Electric Power Applications，2005，152(4)：953－959.

[106] Villalva M G，Gazoli J R，Filho E R. Comprehensive approach to mod-
　　　 eling and simulation of photovoltaic arrays[J]. IEEE Transactions on
　　　 Power Electronics，2009，24(5)：1198－1208.

[107] 苏建徽，余世杰，赵为，等. 硅太阳电池工程用数学模型[J]. 太阳能学报，
　　　 2001，22(4)：409－412.

[108] 吴文进，苏建徽，汪海宁，等. 硅太阳电池模型参数计算优化方法[J]. 太阳
　　　 能学报，2014，35(12)：2413－2419

[109] Kennedy J，Eberhart R. Particle swarm optimization[C]// IEEE Inter-
　　　 national Conference on Neural Networks，Piscataway，1995：1942
　　　 －1948.

[110] Eslami M，Shareef H，Khajehzadeh M，et al. A survey of the state of
　　　 the art in particle swarm optimization [J]. Research Journal of Applied
　　　 Sciences，Engineering and Technology，2012，4(9)：1181－1197.

[111] Raidl G R，Puchinger J，Blum C. Handbook of metaheuristics：meta-
　　　 heuristic hybrids [M]. New York：Springer，2010：469－496.

[112] Beheshti Z，Mariyam Hj Shamsuddin S. A review of population-based
　　　 meta-heuristic algorithm[J]. International Journal of Advances in Soft
　　　 Computing and its Applications，2013，5(1)：1－35.

[113] Boussaïd I，Lepagnot J，Siarry P. A survey on optimization metaheuris-
　　　 tics [J]. Information Sciences，2013(237)：82－117.

[114] 陈贵敏，贾建援，韩琪. 粒子群优化算法的惯性权值递减策略[J]. 西安交
　　　 通大学学报，2006，40(1)：53－56.

[115] Boyd M. Evaluation and validation of equivalent circuit photovoltaic so-
　　　 lar cell performance models[D]. Madison：University of Wisconsin-
　　　 Madison，2010.

[116] Hunter Fanney A，Dougherty B P，Davis M W. Performance and char-

acterization of building integrated photovoltaic panels[C]// The Twen-ty-Ninth IEEE Photovoltaic Specialists Conference, 2002.

[117] 张兴,曹仁贤,等. 太阳能光伏并网发电及其逆变控制 [M].北京:机械工业出版社,2012.

[118] 徐德鸿. 电力电子系统建模及控制 [M].北京:机械工业出版社.

[119] Ji Y H,Jung D Y,Kim J G,et al. A real maximum power point tracking method for mismatching compensation in PV array under partially sha-ded conditions[J]. IEEE Transactions on Power Electronics, 2011, 26(4): 1001 - 1009.

[120] Liu Y H, Huang S C, Huang J W, et al. A particle swarm optimization-based maximum power point tracking algorithm for PV systems operating under partially shaded conditions[J]. IEEE Transactions on Energy Con-version, 2012, 27(4): 1027 - 1035.

[121] Masafumi M, Vanxay P, Yuta K, et al. The demonstration experiments to verify the effectiveness of the improved PSO-based MPPT controlling multiple photovoltaic arrays[C]//5th Annual International Energy Con-version Congress and Exhibition for the Asia/Pacific Region,Melbourne, Australia. IEEE, 2013: 86 - 92.

[122] Ishaque K, Salam Z. A deterministic particle swarm optimization maxi-mum power point tracker for photovoltaic system under partial shading condition [J]. IEEE Transactions on Industrial Electronics, 2013, 60(8): 3195 - 3206.

[123] Ishaque K, Salam Z, Amjad M, et al. An improved particle swarm optimi-zation(PSO) based MPPT for PV with reduced steady-state oscillation [J]. IEEE Transactions on Power Electronics, 2012, 27(8): 3627 - 3638.

[124] 张兴,张崇巍. PWM 整流器及其控制 [M].北京:机械工业出版社,2012.

[125] 汪海宁.光伏并网功率调节系统及其控制的研究[D].合肥工业大学,2005.

[126] 汪海宁,苏建徽,张国荣,丁明. 具有无功功率补偿和谐波抑制的光伏并网功率调节器控制研究[J].太阳能学报, 2006, 27(6): 540 - 544.

[127] 汪海宁,苏建徽,丁明,张国荣. 光伏并网功率调节系统[J].中国电机工程学报, 2007, 27(2): 75 - 79.

[128] Hong S, Matthew A, Bashar Z. The effect of grid operating conditions on the current controller performance of grid connected photovoltaic in-verters[C]// The 13th European Conference on Power Electronics and Applications, Barcelona, Spain, 2009.

[129] Vasquez J C, Guerrero J M, Savaghebi M, et al. Modeling, Analysis,

and Design of Stationary-Reference-Frame Droop-Controlled Parallel Three-Phase Voltage Source Inverters[J]. IEEE Transactions on Industrial Electronics, 2013, 60(5): 1271 - 1280.

[130] Chung I-Y, Liu Wenxin, Cartes D A, et al. Control methods of inverter-interfaced distributed generators in a microgrid system[J]. IEEE Transactions. on Industry Applications, 2010, 46(3): 1078 - 1088.

[131] Iyer S V, Belur M N, Chandorkar M C. A generalized computational method to determine stability of a multiinverter microgrid[J]. IEEE Transactions. on Power Electronics, 2010, 25(9): 2420 - 2432.

[132] Bowes S R, Bird B M. Novel approach to the analysis and synthesis of modulation processes in power convenors[J]. Proceedings of the Institution of Electrical Engineers, 1975(122): 507 - 513.

[133] Vander Broeck H W, Skudelny H C. Analysis of the harmonic effects of a PWM ac drive[J]. IEEE Transactions on Industry Applications, 1988, 24(2): 271 - 290.

[134] Hong Li, Liu Yongdi, Trillion Q Zheng, et al. Suppressing EMI in Power Converters via Chaotic SPWM Control Based on Spectrum Analysis Approach[J]. IEEE Transactions on Industrial Electronics, 2014, 61 (11): 6128 - 6137

[135] Hong Li, Fei Lin, Zhong Li, et al. EMI Suppression for Single-Phase Grid-Connected Inverter based on Chaotic SPWM Control[C]//2012 Asia Pacific International Symposium on Electromagnetic Compatibility, 2012: 125 - 128.

[136] Bowes S R, Lai Y S. The relationship between space-vector modulation and regular-sampled PWM[J]. IEEE Transactions on Industrial Electronics, 1997, 44(5): 670 - 679.

[137] Moynihan J F, Egan M G, Murphy J M D. Theoretical spectra of space-vector-modulated waveforms[J]. Electric Power Applications, IEE Proceedings-IET, 1998, 145(1): 17 - 24.

[138] Zhou K, Wang D. Relationship between space-vector modulation and three-phase carrier-based PWM: a comprehensive analysis [J]. IEEE Transactions on Industrial Electronics, 2002, 49(1): 186 - 196.

[139] Toni Itkonen, Julius Luukko, Arto Sankala, et al. Modeling and analysis of the dead-time effects in parallel PWM two-level three-phase voltage-source inverters[J]. IEEE Transactions on Power Electronics, 2009, 24 (11): 2446 - 2455.

[140] Herran M A, Fischer J R , Gonzalez S A , et al. Adaptive dead-time compensation for grid-connected PWM inverters of single-stage PV systems[J]. IEEE Transactions on Power Electronics, 2013, 28(6): 2816 - 2825.

[141] Yong Wang, Qiang Gao, Xu Cai. Mixed PWM for dead-time elimination and compensation in a grid-tied inverter[J]. IEEE Transactions on Industrial Electronics, 2011, 58(10): 4797 - 4803.

[142] Changzhou Yu, Xing Zhang, Fang Liu, et al. Modeling and Resonance Analysis of Multi-parallel Inverters System under Asynchronous Carriers Conditions[J]. IEEE Transactions on Power Electronics, 2016: 1 - 15.

[143] Fei Wang, Duarte J L, Hendrix M A M, et al. Modeling and analysis of grid harmonic distortion impact of aggregated DG inverters[J]. IEEE Transactions on Power Electronics, 2011, 26(3): 786 - 797.

[144] Xu J, Tang T, Xie S. Research on low-order current harmonics rejections for grid-connected LCL-filtered inverters[J]. IET Power Electronics, 2014, 7(5): 1227 - 1234.

[145] Jia Y, Zhao J, Fu X. Direct grid current control of LCL-filtered grid-connected inverter mitigating grid voltage disturbance[J]. IEEE Transactions on Power Electronics, 2014, 29(5): 1532 - 1541.

[146] Xu Jinming, Xie Shaojun, Tang Ting. Evaluations of current control in weak grid case for grid-parallel LCL-filtered inverter[J]. IET Power Electronics, 2013, 6(2): 227 - 234.

[147] Cespedes M, Sun J. Impedance modeling and analysis of grid-connected voltage-source converters[J]. IEEE Transactions on Power Electronics, 2014, 29(3): 1254 - 1261.

[148] 胡伟,孙建军,马谦,等.多个并网逆变器间的交互影响分析[J].电网技术, 2014, 38(9): 2511 - 2518.

[149] Wang X, Blaabjerg F, Wu W. Modeling and analysis of harmonic stability in an AC power-electronics-based power system[J]. IEEE Transactions on Power Electronics, 2014, 29(12): 6421 - 6432.

[150] 严干贵,李龙,黄亚峰,等.弱电网下联网光伏逆变系统稳定性分析及控制参数整定[J].太阳能学报, 2013, 34(11): 1853 - 1859.

[151] Teodorescu R, Blaabjerg F, Liserre M, et al. Proportional-resonant controllers and filters for grid-connected voltage-source converters[J]. IEEE Proceedings of Electric Power Applications, 2006, 153(5): 750 - 762.

[152] Hasanzadeh A, Onar O C, Mokhtari H, et al. A proportional-resonant controller-based wireless control strategy with a reduced number of sen-

sors for parallel-operated UPSs[J]. IEEE Transactions on Power Delivery，2010，25(1)：468 – 478.

[153] Pereira L F A，Vieira J F，Bonan G，et al. Multiple resonant controllers for uninterruptible power supiles a systematic robust control design approch[J]. IEEE Transactions on Industrial Electronics，2014，60(7)：2894 – 2908.

[154] Xia C L，Wang Z Q，Shi T N，et al. An improved control strategy of triple line-voltage cascaded voltage source converter based on proportional resonant controllers [J]. IEEE Transactions on Industrial Electronics，2013，60(7)：2894 – 2908.

[155] Vidal A，Freijedo F D，Yepes A G，et al. Assessment and optimization of the transient response of proportional resonant current controllers for distributed power generation systems[J]. IEEE Transactions on Industrial Electronics，2013，60(4)：1367 – 1383.

[156] Vidal A，Freijedo F D，Yepes A G，et al. Assessment and optimization of the transient response of proportional resonant current controllers for distributed power generation systems[J]. IEEE Transactions on Industrial Electronics，2013，60(4)：1367 – 1383.

[157] Angulo M，Ruiz-caballero D A，Lago J，et al. Actve power filter control strategy with implicit closed-loop current control and resonant controller[J]. IEEE Transactions on Industrial Electronics，2013，60(7)：2721 – 2730.

[158] 徐海亮，廖自力，贺益康. 比例-谐振控制器在 PWM 变换器应用中的几个要点[J].电力系统自动化，2015，39(18)：151 – 159.

[159] 赖纪东. 基于 CSC 永磁直驱风力发电系统协调控制方法与策略研究[D]. 合肥工业大学，2012.

[160] 李雪. 电网谐波电压下并网逆变器控制策略研究[D].合肥工业大学，2015.

[161] 石荣亮，张兴，刘芳，等.不平衡与非线性混合负载下的虚拟同步发电机控制策略[J]. 中国电机工程学报，2016，36(22)：6086 – 6095.

[162] 吴凤江，孙醒涛. 直流微电网中光伏发电系统的比例积分谐振控制[J].电网技术，2012，38(2)：275 – 281.

[163] Li W，Ruan X，Pan D，et al. Full-feedforward schemes of grid voltages for a three-phase LCL-type grid-connected inverter[J]. IEEE Transactions on Industrial Electronics，2013，60(6)：2237 – 2250.

[164] He J，Li Y，Bosnjak D，et al. Investigation and active damping of multiple resonances in a parallel-inverter-based microgrid[J]. IEEE Transactions on Power Electronics，2013，28(1)：234 – 246.